O LIVRO DOS DESAFIOS

CHARLES BARRY TOWNSEND

O livro dos DESAFIOS

Enigmas, charadas e testes de lógica para colocar à prova sua capacidade de raciocínio

Volume 1

Tradução: Vera Caputo e Ieda Moriya

4ª edição

série Q.I.

COQUETEL

Ediouro

Este livro foi negociado através de Ute Körner Literary Agent, S.L., Barcelona.

Capa e projeto gráfico: M&N Produções Editoriais

Ilustração de capa: Marcelo Bicalho

Coordenação, edição, preparação e revisão:
Temas e Variações Editoriais

CIP-BRASIL. CATALOGAÇÃO-NA-FONTE
SINDICATO NACIONAL DOS EDITORES DE LIVROS, RJ.

T674L

v. 1

Townsend, Charles Barry
O livro dos desafios, v. 1 / Charles Barry Townsend; tradução de Vera Caputo e Ieda Moriya. – Rio de Janeiro : Ediouro, 2004

Tradução de: The world's biggest puzzle book
ISBN 85-00-01636-1

1. Quebra-cabeças. 2. Passatempos. I. Título.

04-2861. CDD 793.73
CDU 793.7

06 07 08 09 10 9 8 7 6 5 4

Rua Nova Jerusalém, 345 – Bonsucesso – Rio de Janeiro – RJ – CEP 21042-230
Tel. (0XX21) 3882.8200 – Fax (0XX21) 3882.8212 / 8313

www.ediouro.com.br

Apresentação

Este livro foi feito especialmente para quem adora desafios. As Revistas Coquetel, apoiadas em mais de cinqüenta anos de experiência na elaboração de testes, jogos e quebra-cabeças apresentam agora a mais completa e diversificada reunião de passatempos do mercado brasileiro: um volume com mais de 250 jogos que vão colocar à prova sua capacidade de raciocínio.

Aqui você vai encontrar desafios de todos os tipos — alguns seguem os moldes clássicos; outros, são surpreendentemente inovadores. São enigmas, charadas, testes de lógica e outros problemas superengenhosos arquitetados com precisão para intrigar, provocar e divertir os que resolverem enfrentá-los. As respostas podem ser conferidas no final do volume.

Repleto de ilustrações antigas que dão um toque de charme e humor a cada página, *O livro dos desafios* é um amplo programa de exercício da inteligência, um companheiro para todas as horas, um parceiro perfeito para aqueles que buscam diversão com qualidade.

Henrique Ramos

Sumário

Os melhores quebra-cabeças do mundo

A vitrine

Uma vitrine mede 2 metros de largura por 2 metros de altura. O decorador da loja quer pintar de azul metade da vitrine e ainda ficar com um quadrado, mantendo a área transparente da vitrine com diagonais de 2 metros de altura por 2 metros de largura. Como ele poderá fazer isso?

O canudo e a garrafa

Este quebra-cabeça testará suas habilidades. Você deve tirar da mesa uma garrafa de refrigerante vazia usando apenas uma mão e um canudo. Para isso, siga duas regras: você não pode dar um nó no canudo e ele não pode tocar em nenhuma parte externa da garrafa.

O aquário

Este aquário está quase cheio. Será que você conseguiria reduzir o nível da água até a metade do aquário sem usar nenhum copo de medida ou régua? A solução é mais fácil do que você pensa!

Dica: Você pode tentar fazer isso com um recipiente menor, o que fará menos sujeira do que um aquário.

As moedas

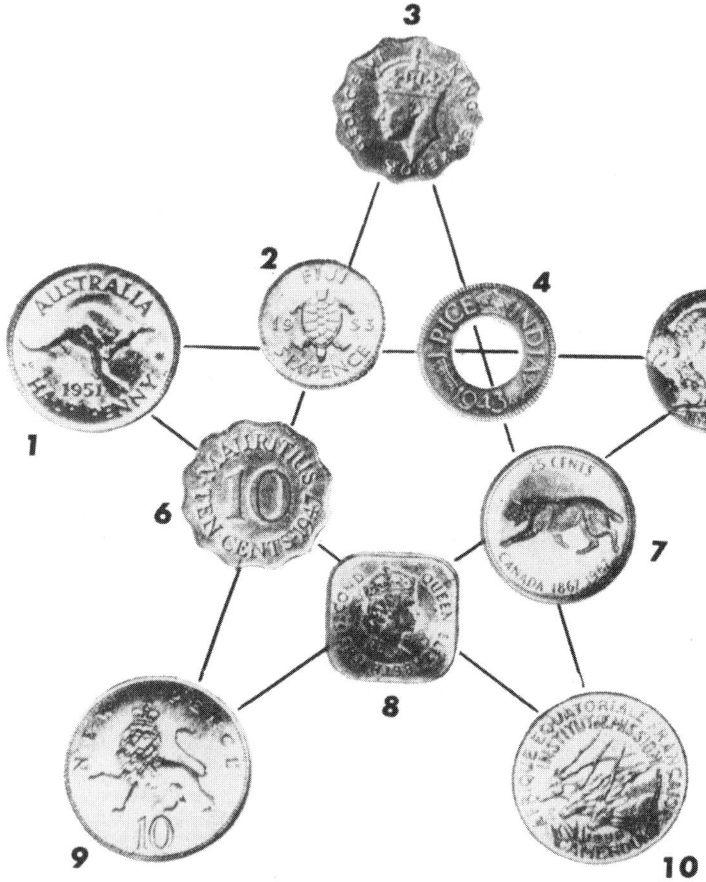

Aqui está um valioso quebra-cabeça para você resolver. Coloque nove moedas sobre as moedas que formam a estrela, exceto sobre a moeda número 8. O objetivo é tirar todas as moedas da estrela, deixando apenas uma. Para tirar uma moeda, você deve pular outra ao longo de uma das linhas. O lugar para onde pular deve estar vazio. (Os movimentos são os mesmos do jogo de damas.)

Se conseguir resolver o quebra-cabeça em 15 minutos, considere-se muito habilidoso.

A pipa

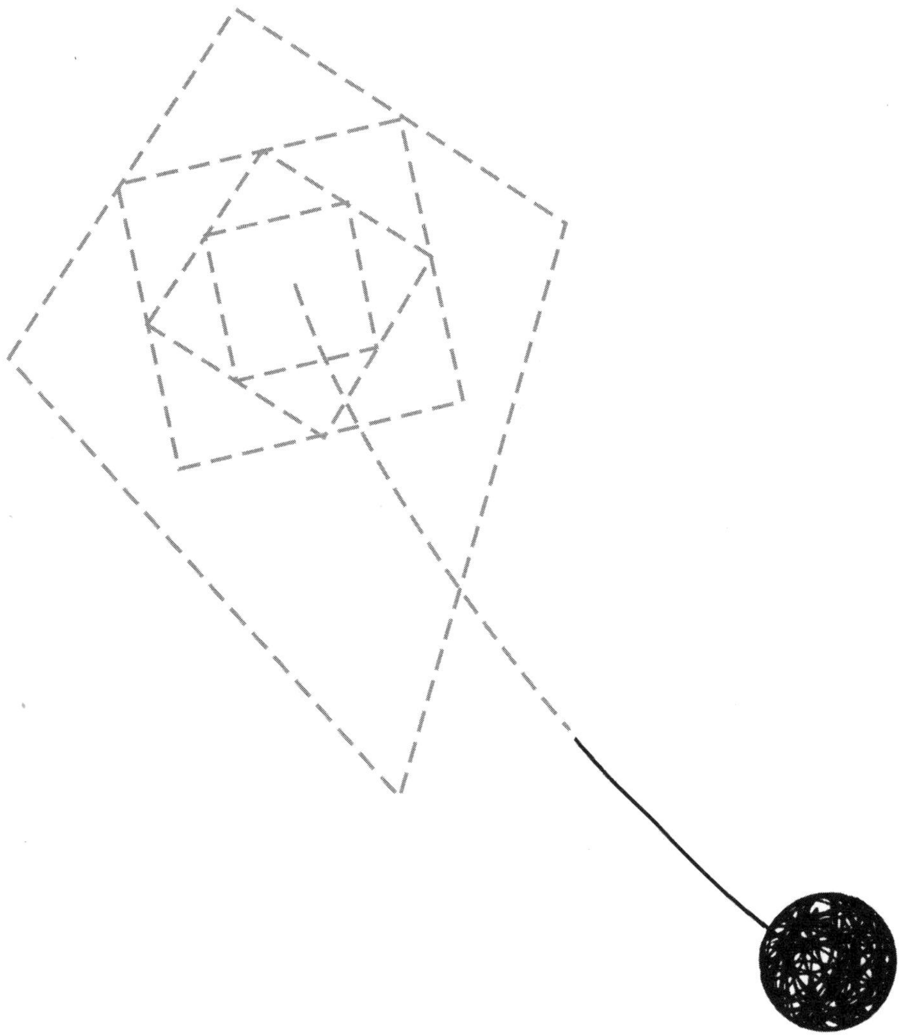

Para resolver este quebra-cabeça, desenhe a pipa e a linha amarrada a ela, usando uma única linha contínua. A linha não pode se cruzar em nenhum ponto, e você não pode passar por uma das partes mais do que uma vez. Comece com a linha no novelo e termine com ela.

O livro

Este quebra-cabeça vai surpreender seus amigos. Amarre um pedaço de barbante em volta de um livro bem pesado, digamos de 1 kg. Prenda uma das extremidades do barbante na maçaneta da porta, de forma que o livro fique pendurado mais ou menos 30 cm abaixo dela. Segurando a outra extremidade, diga a seus amigos que você pode puxar e partir o barbante tanto acima quanto abaixo do livro, de acordo com sua vontade. Eles ficarão surpresos ao descobrir que isso pode ser feito. E você, sabe como executar esse passe de mágica?

Os palitos de sorvete

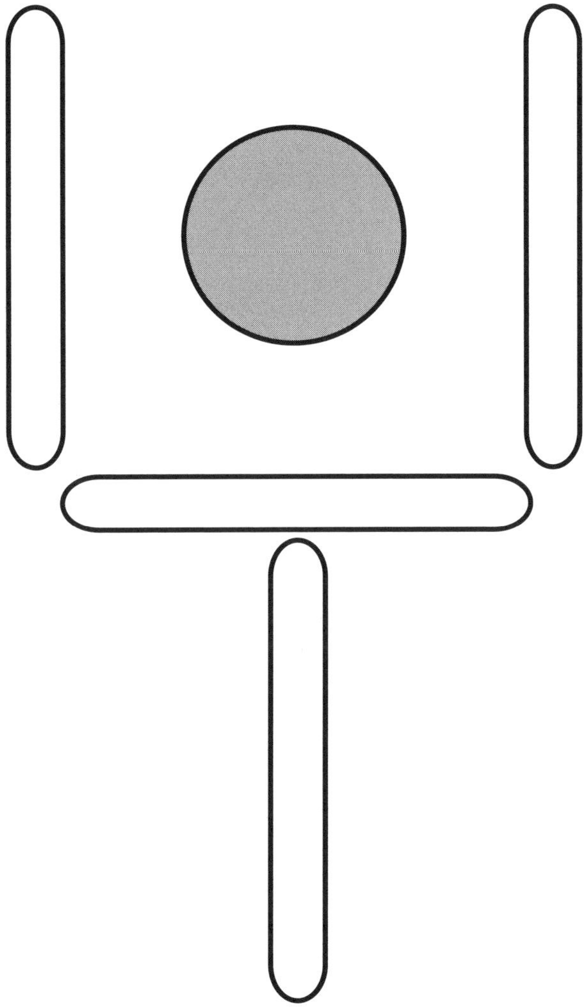

Vamos imaginar que os quatro palitos de sorvete mostrados na página representam uma taça e que o círculo cinza represente uma grande e suculenta cereja. Você deve passar a cereja da taça para uma nova posição movendo dois palitos. Mas não pode mexer na cereja e deve manter o formato exato da taça.

Os palitos de dente

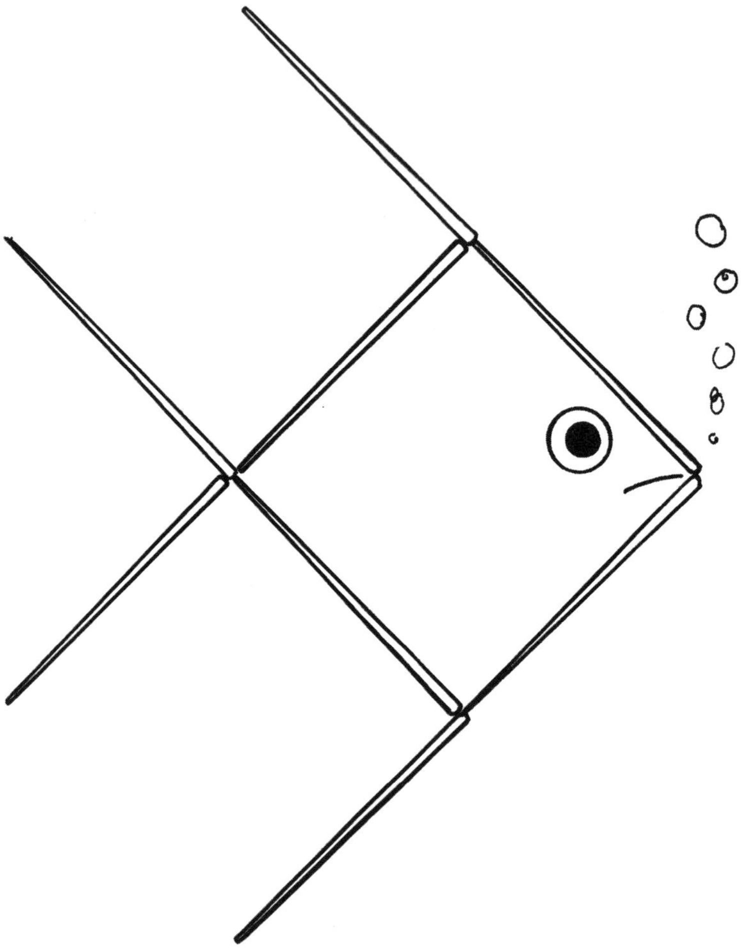

Arrume oito palitos de dente como mostra a ilustração. Coloque um botão no quadrado como se fosse um olho. De repente, nosso peixe de palitos vê um tubarão! Ele precisa mudar de posição e nadar para salvar a própria vida. Como você moveria três palitos e o botão para uma nova posição de forma que o peixe pudesse nadar para a esquerda?

O barbante

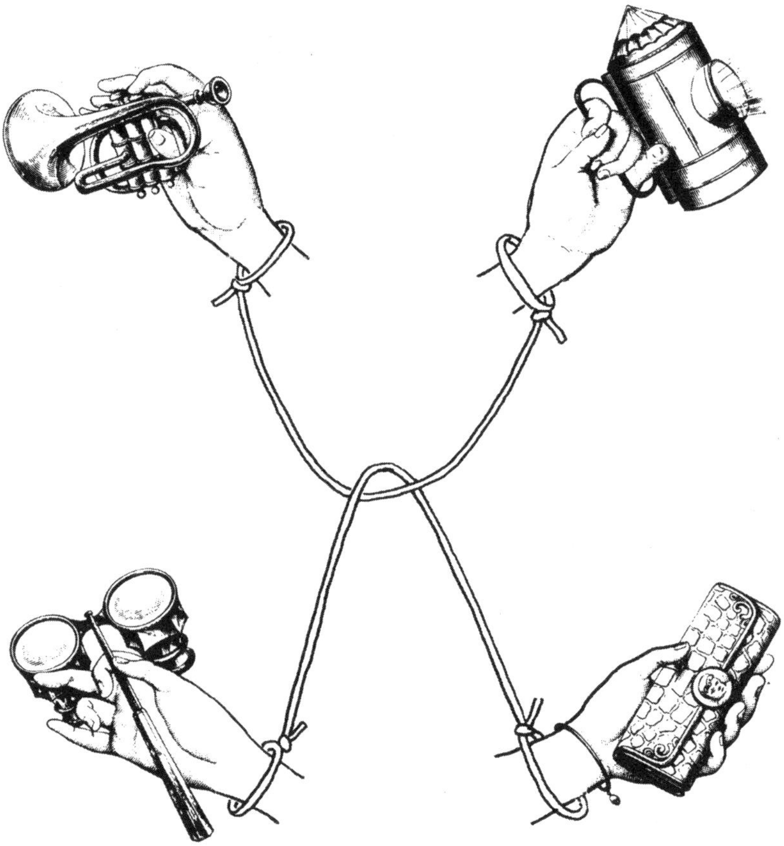

Tente resolver este com um amigo. Pegue um pedaço de barbante e amarre frouxamente em seus dois pulsos. Peça ao seu amigo para fazer a mesma coisa com outro pedaço de barbante, laçando-o por cima do primeiro pedaço. Depois que fizerem isso, vocês estarão unidos de forma segura, como mostra a ilustração.

Você terá de se separar do seu amigo sem desamarrar os nós, cortar os barbantes ou escorregar suas mãos para fora do laço. É mais fácil do que parece!

Os selos

Eis um simples desafio de selos. Acima há seis selos de várias partes do mundo. O desafio é arrumá-los em forma de cruz, deixando quatro selos em cada braço da cruz.

Dica: Um selo pode ficar nas duas linhas da cruz.

Materiais de construção

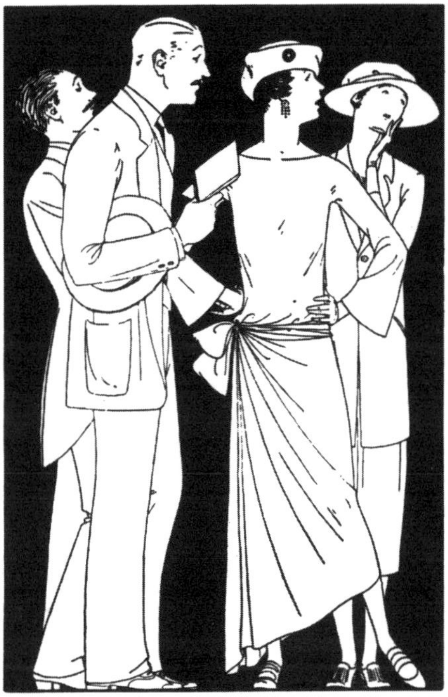

Quatro fregueses estavam em uma loja de materiais de construção. Cada um se mudou para uma nova casa em um bonito condomínio constituído de nove belas unidades que dão para um lago. Esses quatro clientes foram à loja para comprar algo que o construtor esqueceu de incluir em cada uma das casas. Um custaria apenas R$ 1,00. E pagariam R$ 1,00 também por oito, já o custo de dezesseis seria R$ 2,00. Se eles precisassem de 150, o custo seria de R$ 3,00. Mesmo que pedissem 300, continuariam pagando R$ 3,00. Se isso parece confuso, acredite, não é!

Por um total de R$ 4,00, cada um levou o que queria. O que eles foram comprar?

A moeda de dez centavos

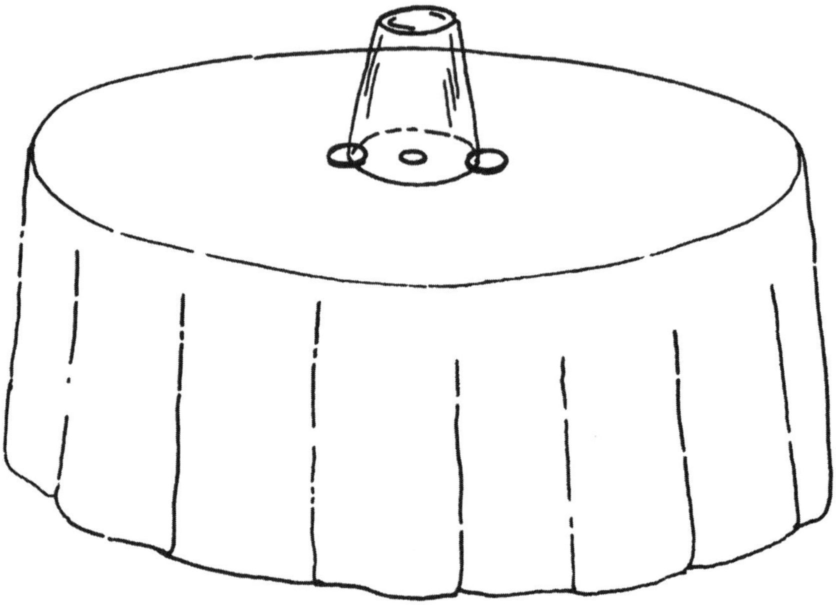

Aqui está um desses quebra-cabeças "impossíveis" de resolver. Coloque uma moeda de 10 centavos sobre uma mesa coberta com toalha. Depois, coloque duas moedas de 25 centavos de cada lado da primeira moeda. Essas duas moedas de 25 centavos devem ficar de tal jeito que um copo de cabeça para baixo fique bem apoiado no centro de cada uma delas. Após posicionar o copo sobre as moedas, o arranjo deve ficar como mostra a ilustração.

Agora, vamos ao quebra-cabeça. Você deve remover a moeda de 10 centavos sem tocar no copo ou nas moedas laterais. Mas não pode usar nada para tirar a moeda. Impossível? Não custa tentar...

As pontas de lança

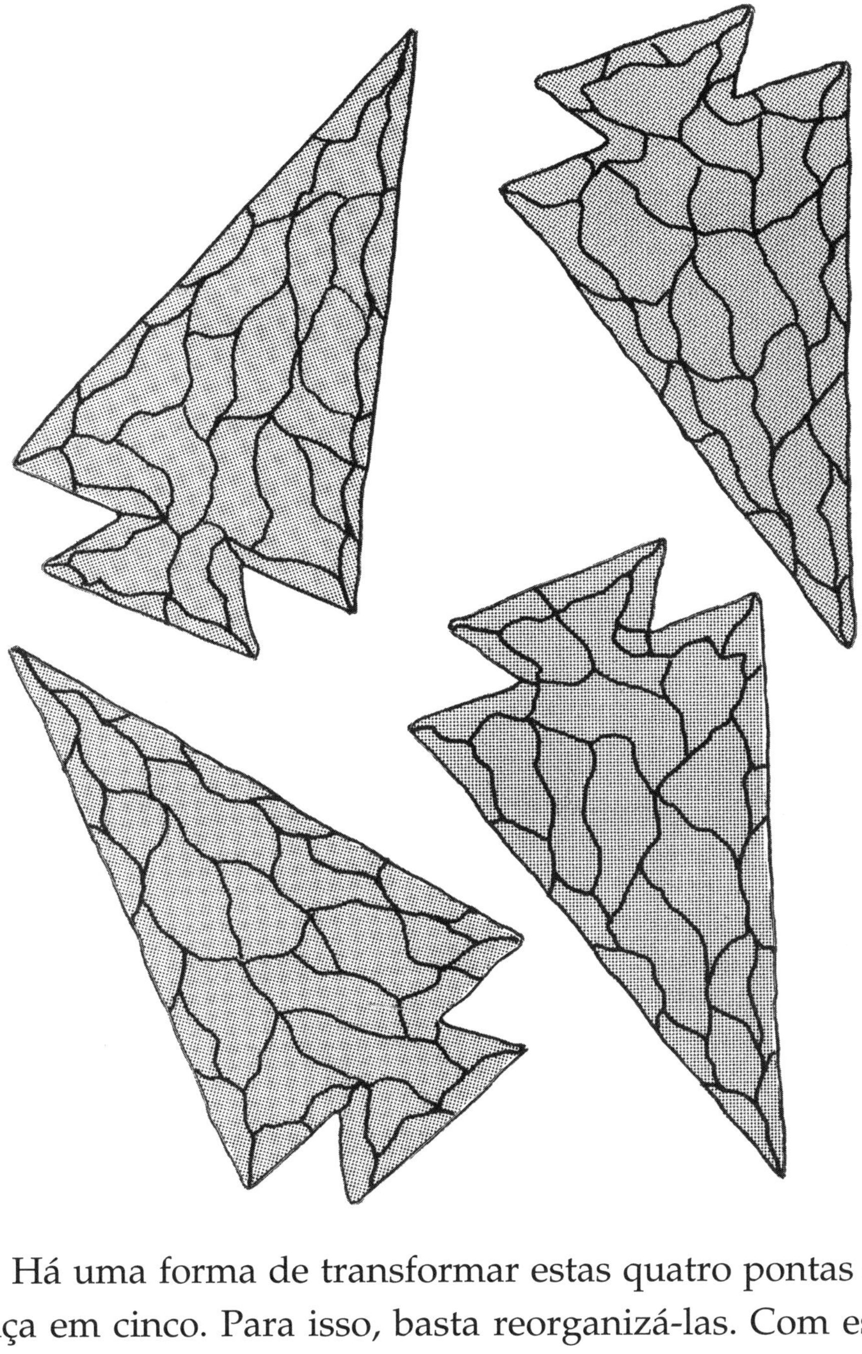

Há uma forma de transformar estas quatro pontas de lança em cinco. Para isso, basta reorganizá-las. Com este desafio, vamos ver como está a sua mira.

A nota de um real

Segure com a mão direita uma nota de R$ 1,00 na altura do peito. Peça para alguém colocar a mão esquerda no meio da nota com o polegar e o indicador afastados 2,5 cm um do outro. Agora, diga a essa pessoa que, quando você soltar a nota, ela não conseguirá pegá-la. Parece fácil, não é?

As cartas

Sobre a mesa, coloque dez cartas em uma fileira. Começando com qualquer carta, pegue uma e mova para a direita ou para a esquerda, pulando duas cartas e colocando-a sobre a terceira. Você terá um par. Em seguida, pegue outra carta e passe para a esquerda ou para a direita, pulando duas cartas da fileira (um par conta como uma carta), e coloque-a sobre a terceira. Você terá mais um par. Continue dessa maneira até obter cinco pares.

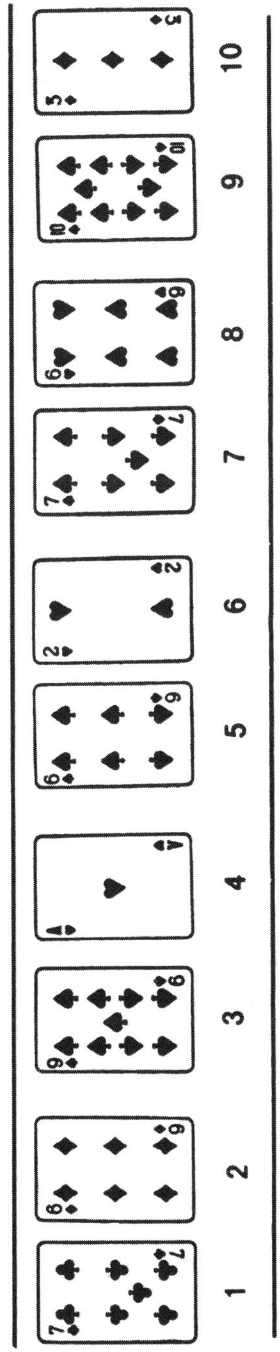

A traça de livros

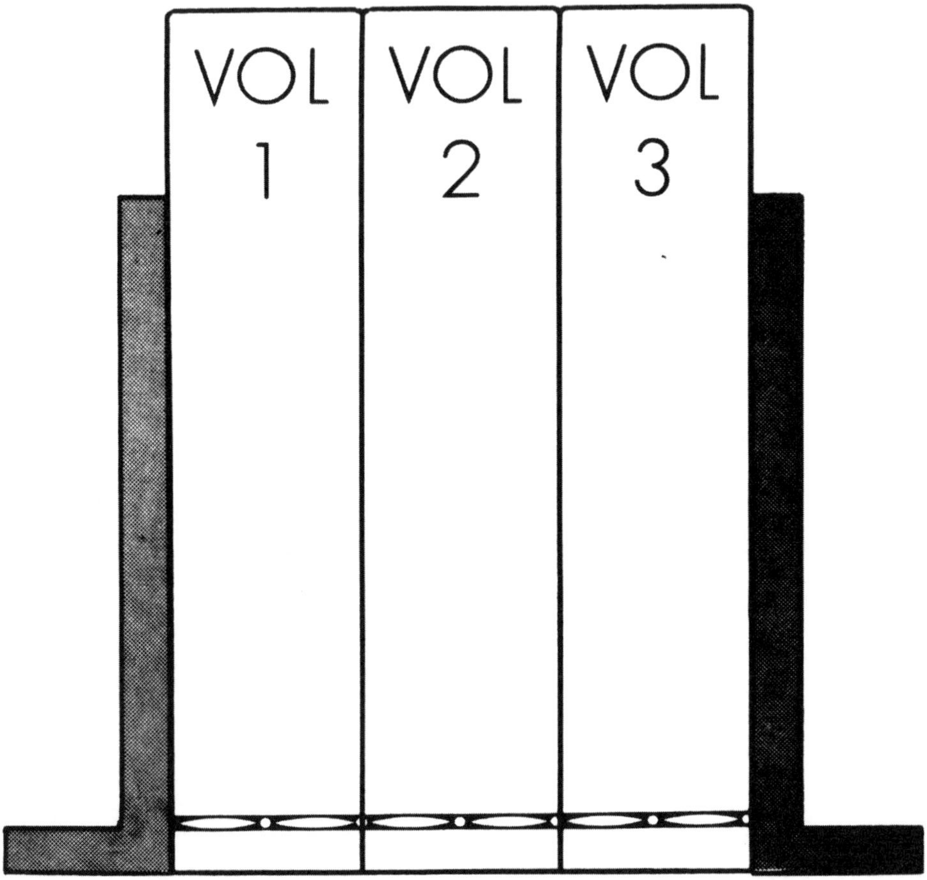

Este quebra-cabeça é antigo. No alto da estante, há uma coleção de três livros. Tanto a capa quanto a contracapa de cada um dos livros têm a mesma medida: 2,5 mm de espessura. O total de páginas de cada livro mede 4 cm.

Se a traça começar a comer da página um do primeiro volume e seguir comendo em linha reta até a última página do volume três, que distância ela terá percorrido?

A geometria

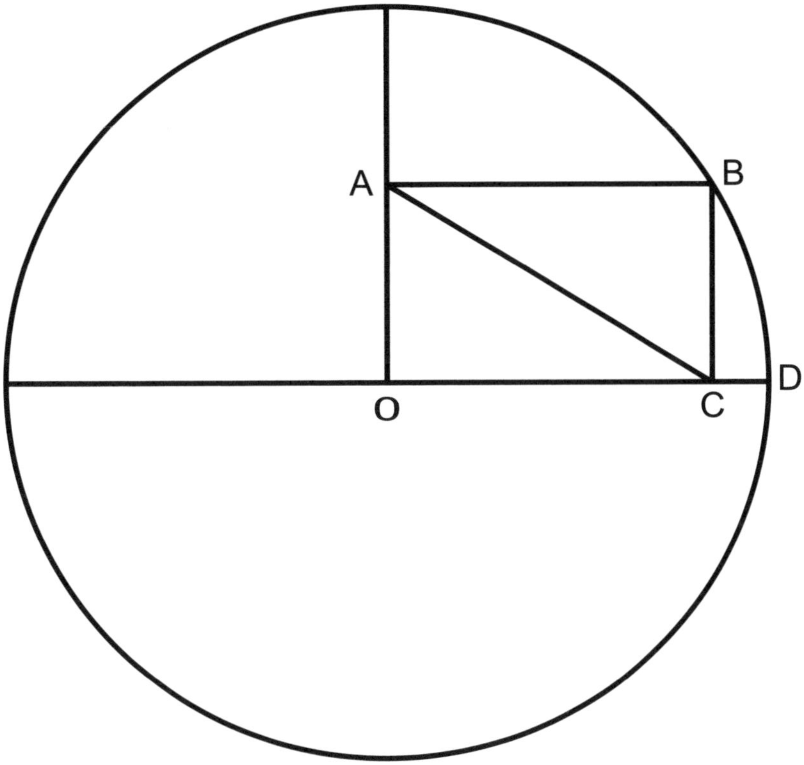

Aqui você tem um interessante quebra-cabeça, que é mais fácil do que parece. O centro do círculo está indicado pelo O. O ângulo AOC mede 90°. A linha AB é paralela à linha OD. O segmento OC mede 5 cm e o segmento CD mede 1 cm. O problema, aqui, é determinar o comprimento da linha AC.

O arco e a flecha

Frei Gerônimo desafiou Robin Hood a resolver um antigo problema de arco e flecha. Ele tem de atirar seis flechas no alvo de forma que a soma dos pontos seja exatamente 100. O frei parece saber a resposta e pode até ganhar o prêmio. *Dica:* Quatro flechas têm de atingir o mesmo alvo.

Os botões

Este é um quebra-cabeça gostoso. Você só precisa de dois botões brancos, dois vermelhos e um cartão como o da figura. Coloque os botões como mostra a ilustração. Depois, fazendo apenas oito movimentos, mude os botões de lugar. Os botões brancos só podem se mover para a direita e os vermelhos, só para a esquerda. Cada botão deve ser deslocado para o espaço vazio mais próximo. Você pode pular um botão, desde que o espaço ao lado do botão a ser pulado esteja vazio.

As correntes

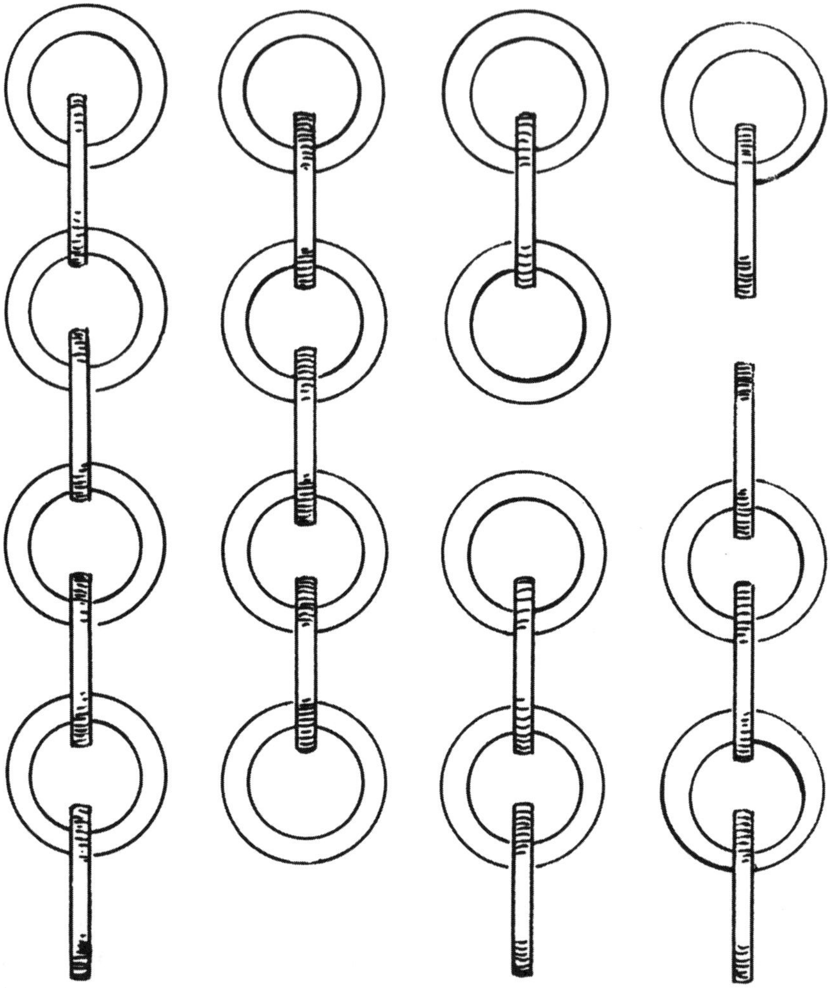

Um homem tinha seis pedaços de corrente que queria juntar para fazer uma única com 29 conexões. Então, perguntou ao ferreiro quanto ele cobraria pelo trabalho. O ferreiro disse que abrir as conexões custaria 50 centavos e para soldá-las o preço seria 75 centavos. Qual seria o menor preço que o ferreiro poderia cobrar pelo trabalho?

O cubo

Antes deste cubo ser dividido em 27 cubinhos, seus seis lados foram pintados de azul. Veja se você consegue responder às seguintes perguntas que dizem respeito aos 27 cubinhos.

(1) Quantos cubos têm três lados pintados?

(2) Quantos cubos têm dois lados pintados?

(3) Quantos cubos têm um só lado pintado?

(4) Quantos cubos não têm nenhum lado pintado?

Os animais

O administrador de um parque no Quênia, na África, decidiu contar quantos leões e quantas avestruzes havia em uma parte do parque. Por algum motivo, fez isso contando o número de patas e de cabeças desses animais. E chegou ao seguinte resultado: 35 cabeças e 78 patas. Quantos leões e quantas avestruzes havia no parque?

Marte

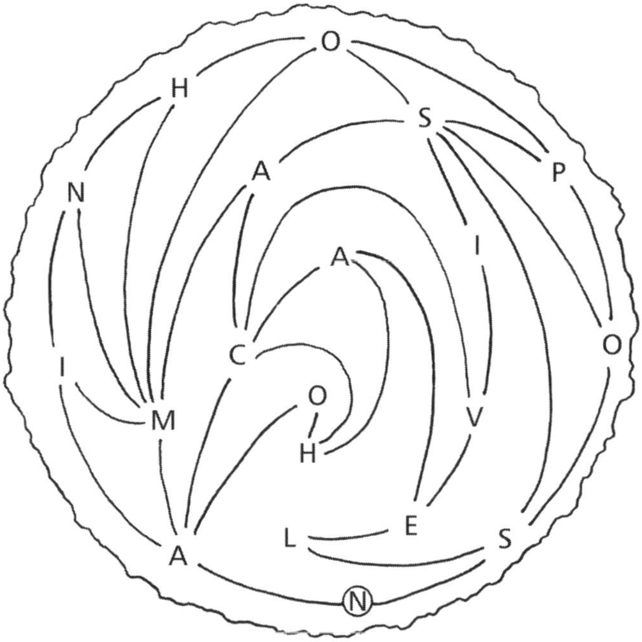

Um dos mais antigos e melhores quebra-cabeças é o de Marte, criado por Sam Lloyd. Neste mapa de Marte criado por volta de 1900, você vê os canais que, naquela época, se supunha existirem. Na junção desses canais, estão localizadas 20 estações de água. Essas estações estão sinalizadas por letras. Se você começar pela letra N, que está circulada, e passar por todas as estações, você encontrará uma frase completa. Você deve viajar ao longo dos canais e só pode passar uma única vez em cada estação.

Quando Sam Lloyd publicou este quebra-cabeça, mais de 50 mil leitores responderam dizendo: "Não há caminho possível". Veja se você consegue vencer onde tantos falharam no passado.

O cruzamento

Vemos Napoleão parado num cruzamento. Durante a noite, um caminhão bateu no poste de sinalização no cruzamento de duas estradas. No pelotão de Napoleão, ninguém sabia recolocar o poste no lugar de maneira que as setas indicassem as direções certas. Depois de refletir por alguns minutos, o general ordenou que colocassem o poste de modo que as placas indicassem a sinalização correta. Uma vez que Napoleão nunca esteve nesse cruzamento antes, como ele conseguiu fazer isso?

Os descansos de copos

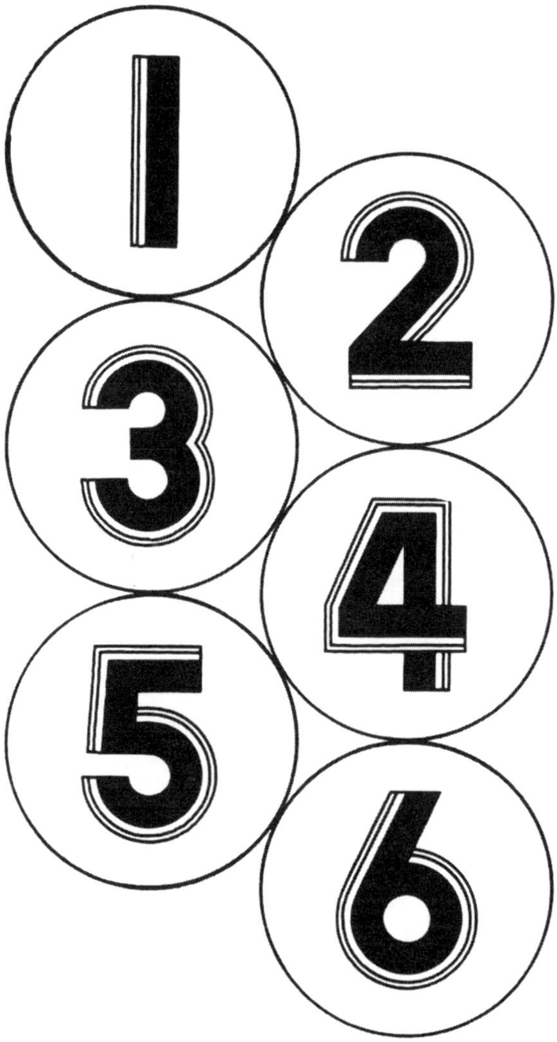

Coloque sobre a mesa seis descansos de copos, como na figura. Os descansos só podem encostar uns nos outros. Agora, você deve reorganizá-los em um círculo perfeito, mudando a posição de apenas três deles. Para isso, mude apenas um descanso de cada vez.

O círculo

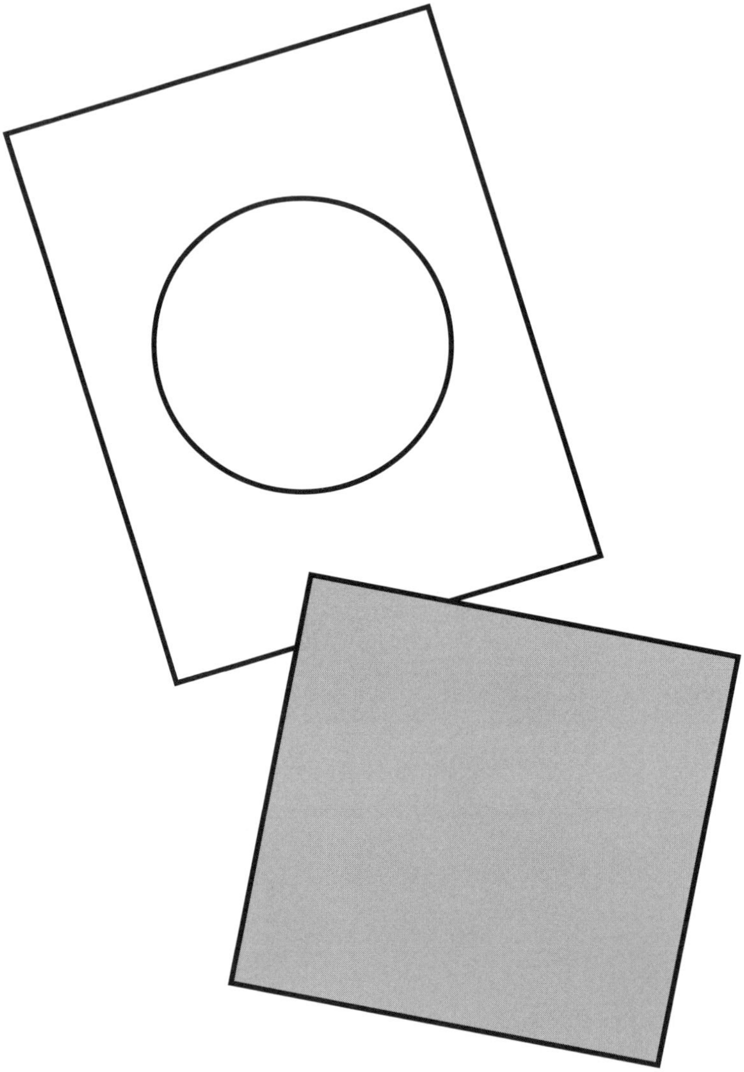

Se você quer encontrar o centro do círculo e tudo que tem é um lápis e um quadrado de papelão maior que o círculo, como você pode resolver o desafio? É realmente mais fácil do que parece. Você tem cinco minutos para encontrar a solução.

A pedra rúnica

Uma pedra rúnica foi descoberta na Islândia e fez com que os arqueólogos ficassem andando em círculos até que um jovem estudante declarou que a pedra era obviamente falsa, já que imitava um conhecido quebra-cabeça. Havia nove sinais esculpidos na pedra. O sexto sinal, o terceiro da fileira do meio, estava inacabado de propósito. O desafio é encontrar o significado desse sinal. Para isso, basta descobrir o significado dos outros sinais. *Dica:* Todos os sinais têm algo em comum.

O caminhão

Anos atrás, um motorista de caminhão foi barrado pela polícia para fiscalização de excesso de peso. Assim que o motorista parou na balança, saiu do carro e começou a bater com um pau em um dos lados do caminhão. Uma pessoa que estava no posto policial perguntou o que ele estava fazendo. Ele respondeu:

— Bem, estou carregando dois mil quilos de canários. E o meu caminhão está com excesso de peso, mas, se eu conseguir manter os pássaros voando dentro do caminhão, o peso deles não vai aparecer.

Será que o motorista estava certo? Se os pássaros continuassem voando no baú do caminhão, o caminhão pesaria menos do que se os canários ficassem em seus poleiros?

A garrafa

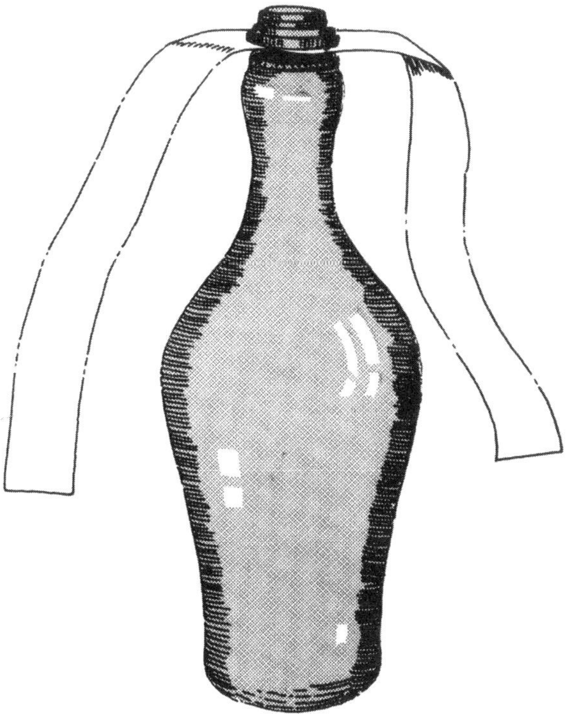

Coloque uma garrafa vazia sobre a mesa. Depois, corte uma tira de papel-jornal de 2,5 cm de largura por cerca de 30 cm de comprimento. Coloque a tira de papel sobre a boca da garrafa e 4 moedas sobre a tira de papel. Comece com uma moeda de um real, depois duas moedas de 50 centavos e, enfim, uma de 10 centavos. Agora, desafie seus amigos a remover a tira de papel deixando as moedas equilibradas sobre a garrafa. Eles não podem tocar nas moedas nem na garrafa. A única coisa que pode ser tocada é a tira de papel. Seus amigos logo descobrirão que este desafio é quase impossível de ser resolvido. Tente algumas vezes você mesmo antes de olhar a resposta.

O raio X

Vire de costas e peça a alguma pessoa que coloque uma moeda de R$ 1,00 sobre a mesa. Depois, peça-lhe que coloque um papel em branco sobre a moeda. Vire-se e diga que você irá usar seus superpoderes para olhar através do papel e ler a data inscrita na moeda. Afirme que você não tirará o papel e que a moeda ficará coberta o tempo todo.

Para tornar a situação mais interessante, proponha o seguinte acordo: se você conseguir ler a data, a moeda será sua. Se você fracassar, a pessoa ficará com ela. Parece justo!

O sapo

Esta é a história de um sapo que caiu da bicicleta e acabou no fundo de um poço de 10 metros de profundidade. O poço era fundo demais para que o sapo desse um impulso para sair dele. Todo dia, ele escalava 3 metros das paredes escorregadias do poço, mas, durante a noite, enquanto descansava, escorregava 2 metros. Nesse ritmo, de quantos dias o sapo precisaria para sair do poço?

Os copos de cerveja

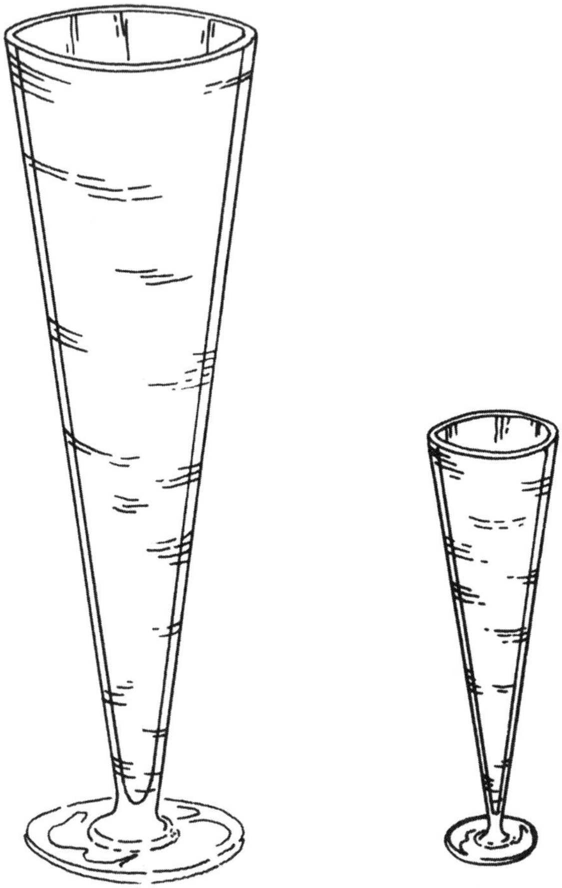

Aqui estão dois copos de cerveja. A dimensão interna do copo maior é exatamente duas vezes a dimensão interna do copo menor. O que queremos é encher o copo maior com água, usando o copo menor como medida. Enchemos o copo menor com água e a despejamos no copo maior. A questão é: quantas vezes teremos de encher o copo pequeno para completar o volume do copo maior?

O policial

Na virada do século 19, Olaf Anderson tornou-se policial de uma pequena cidade. Foi designado para cuidar de seis quarteirões da cidade. Policial consciente, Olaf Anderson queria descobrir o caminho mais curto que lhe permitisse dar uma volta completa em cada quarteirão, durante a ronda.

Na seção de respostas, apresentamos o caminho que ele fez. Para nós, é a melhor solução. Entretanto, pode haver um caminho mais curto. Por isso, tente antes de olhar a resposta.

Os maridos ciumentos

Três maridos ciumentos estavam viajando com suas esposas e tiveram de atravessar um riacho em um barco que só comportava duas pessoas. Os maridos se recusavam a deixar as esposas atravessarem o rio com qualquer um dos dois homens, e nenhum deles queria deixar a esposa com um dos outros no outro lado do riacho.

Como eles planejaram a passagem? Lembre-se de que, como o barco comportava apenas duas pessoas, uma delas teria de voltar com o barco para buscar as demais.

As bicicletas

Um dia, duas jovens ciclistas, Betty e Nadine Parhurst, decidiram sair para visitar uma tia que vivia no campo a uma distância de 30 km de onde elas moravam. Depois que pedalaram 6 km, a bicicleta de Betty quebrou e ela teve de deixá-la amarrada a uma árvore. Como estavam com pressa, decidiram seguir da forma mais rápida que conseguissem. Tinham duas opções: as duas poderiam caminhar, ou uma poderia caminhar e a outra pedalar. Se as duas andassem, percorreriam 6 km em uma hora. E pedalando, percorreriam 12 km em uma hora.

Elas optaram por um plano que as fizesse andar o mínimo e, ainda assim, chegar à casa da tia no menor tempo. Que combinação de andar e pedalar elas usaram?

A dedução

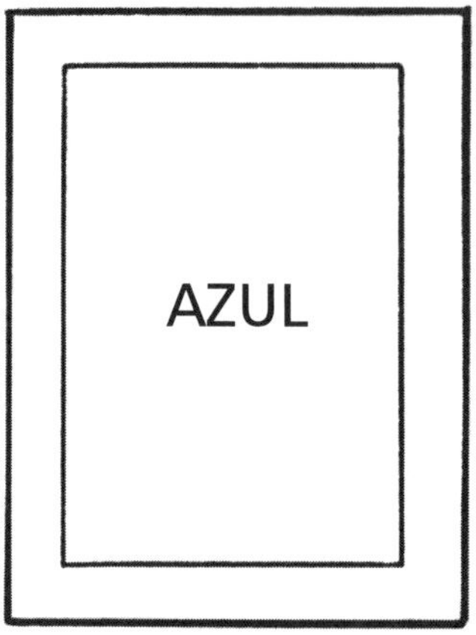

(1)

(2)

(3)

(4)

Selecionamos quatro cartas de dois antigos baralhos australianos, um com o verso em azul e outro com o verso em vermelho. Colocamos duas cartas com as faces para cima e duas cartas com as faces para baixo.

Aqui vai o desafio: será que as cartas que têm o verso azul têm o rei como figura? Para resolver, você pode virar apenas duas cartas. Quais você vai virar?

O jogo de tênis

Muitos anos atrás, em um clube de campo, havia um grande torneio de duplas de tênis. Cento e vinte e oito casais se inscreveram para o evento. Tadeu, o organizador, ficou acordado até tarde compondo o quadro de jogos. Você sabe quantas duplas jogaram antes que se determinasse a dupla vencedora?

Os pregos

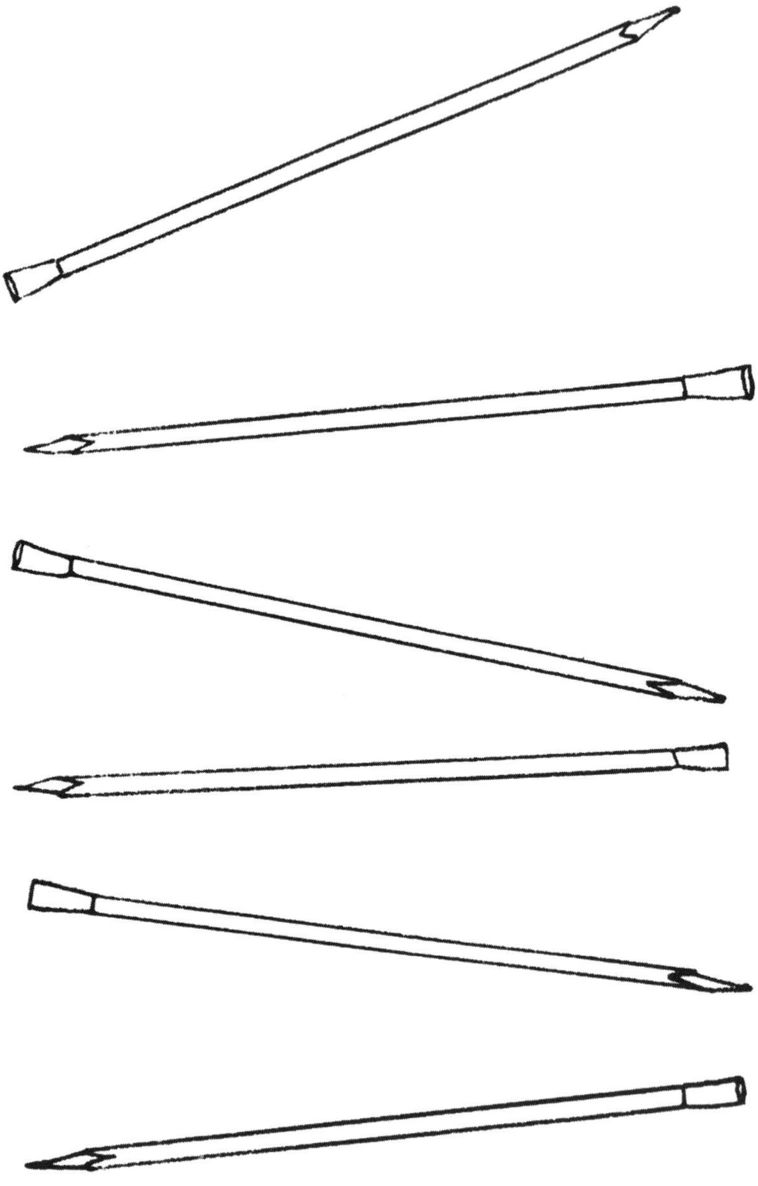

Este é um quebra-cabeça de carpinteiro. Você tem de arrumar os seis pregos de forma que cada um deles toque os outros.

Os viajantes

Este poema é o favorito entre os aficionados por adivinhações. Você pode resolver a questão antes que Alfredo e seu amigo cheguem ao seu destino?

O antiquário

Um dia, Calvin, o colecionador, que trabalhava com antigüidades, comprou uma fonte de ferro com a representação de um crocodilo engolindo um peixe. Por essa obra de arte, ele pagou 90% de seu valor. No dia seguinte, um outro colecionador viu a fonte e quis comprá-la por 125% de seu valor. Calvin, mais do que depressa, aceitou a oferta e ganhou R$ 105,00 a mais do que havia pago.

Com esses dados, você consegue determinar o valor desse curioso objeto?

A mosca

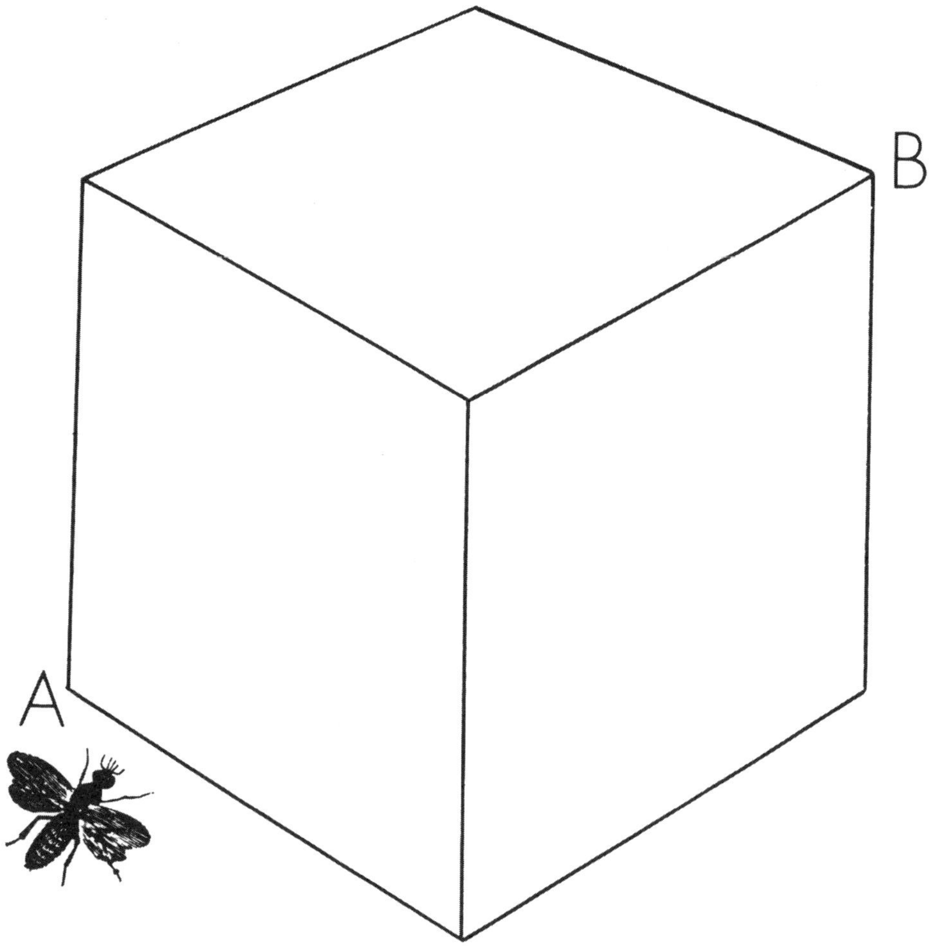

Uma mosca estava passeando quando, de repente, encontrou um pedestal de mármore. Ela queria ir do ponto A, no canto inferior esquerdo, para o ponto B, no canto superior direito do cubo. O cubo media exatamente 50 cm de cada lado.

Você consegue determinar o caminho mais curto que a mosca poderia fazer?

A corrida de charretes

Dois senhores decidiram realizar uma corrida em que a charrete que cruzasse primeiro a linha de chegada perderia e a que cruzasse em segundo lugar ganharia.

Iniciaram a corrida num percurso de 1 km, chicoteando os cavalos. Quando se aproximaram da linha de chegada, começaram a diminuir a velocidade até chegarem a uma distância de 100 metros. Percebendo então o trato bobo que fizeram, os dois desceram de suas charretes e foram pedir um conselho para um fazendeiro que assistia à corrida.

Quando o fazendeiro ouviu a história, deu-lhes um conselho que os fez voltar às charretes e sair em disparada, como se cada um quisesse chegar na frente do outro.

O conselho do fazendeiro não mudou os termos originais do acordo que os dois homens tinham feito. Que conselho lhes deu o fazendeiro?

Os biscoitos

A pequena Adriana ficou muito chateada. Ela ganhou da mãe uma caixa com biscoitos fresquinhos, feitos em casa. Quando estava abrindo a caixa, chegaram quatro amigas que pediram que repartisse os biscoitos com elas, já que muitas vezes repartiam com ela os seus biscoitos. Relutante, a garota contou quantos biscoitos tinha e deu metade deles mais meio biscoito para Lorena. Para Marta, deu metade do que sobrou e meio biscoito. Então, contou metade dos biscoitos restantes e deu essa quantidade mais meio biscoito para Laura. Para a última garota, Margarete, ela deu metade do que havia sobrado na caixa e meio biscoito. Isso deixou Adriana com a caixa vazia e a cara emburrada.

Você consegue calcular quantos biscoitos havia na caixa? Em nenhum momento, Adriane partiu qualquer biscoito ao meio.

A buzina

Uma vez, Groucho Marx comprou uma nova buzina no aniversário de seu irmão Harpo. Depois de embrulhá-la para presente, Groucho Marx levou a buzina ao correio para enviá-la ao irmão.

— Eu sinto muito, sr. Marx — disse o funcionário do correio —, mas este pacote é muito comprido. Nenhum pacote pode ter mais de 120 cm de comprimento. Este tem 150 cm.

Groucho pegou a buzina e voltou para a loja. Eles removeram a bola de borracha, mas a buzina ainda continuava medindo 120 cm. Então, Groucho teve uma idéia: pediu que embrulhassem a buzina de forma diferente. Quando retornou ao correio, o pacote foi aceito porque estava dentro das medidas regulamentares. Como ele fez isso? Lembre-se: a buzina não foi cortada nem deformada.

A carteira

O sr. Garcia entrou correndo na delegacia, gritando que sua carteira tinha sido roubada.

— Espere um pouco, senhor — disse o delegado Anderson. — Alguém acaba de devolver uma carteira. Talvez seja a sua. O senhor pode informar seu conteúdo?

— Bem — disse o sr. Garcia —, há nela uma foto de W. C. Fields e meu cartão de crédito. E mais: eu tinha R$ 63,00 em seis notas e nenhuma delas era de R$ 1,00.

— Isso encerra o assunto. Aqui está a sua carteira.

Que notas ele tinha na carteira que somavam exatamente R$ 63,00?

O emblema

A arte de quebra-cabeças começou há 3 mil anos, no vale do rio Nilo. Na figura, você vê os homens polindo a cabeça do deus do quebra-cabeça. O emblema em seu elmo é o primeiro desenho de quebra-cabeça de que se tem notícia. Sua tarefa é desenhar esse emblema usando uma única linha contínua. Em nenhum momento, você poderá levantar o lápis do papel nem cruzar a linha. Resolva o problema em cinco minutos e você poderá ser um escriba de primeira.

Os maiores quebra-cabeças do mundo

O jogo de damas

Pop Bentley, um campeão de jogo de damas, desafiou outro jogador. Acima, vemos o final do jogo antes de o campeão dar o seu golpe de misericórdia. Você consegue descobrir quais são seus movimentos?

As peças brancas movem-se para a parte superior do tabuleiro e as peças pretas movem-se para a parte inferior. Pop está jogando com as peças pretas e é a vez dele de jogar.

Os pratos

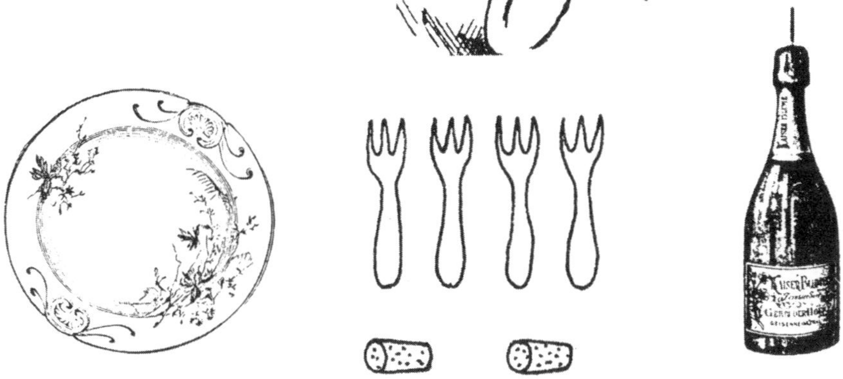

Na ilustração, você vê um famoso malabarista. Ele consegue manter rodando no ar, por mais de cinco minutos, seis pratos e uma bacia. Aqui, ele apresenta um novo quebra-cabeça. Ele desafia você a equilibrar o centro de um prato na ponta de uma agulha que foi colocada na rolha de uma garrafa. Você pode usar quatro garfos e duas rolhas extras para conseguir essa proeza que parece impossível. Se conseguir, será comparado ao grande malabarista.

Os fósforos

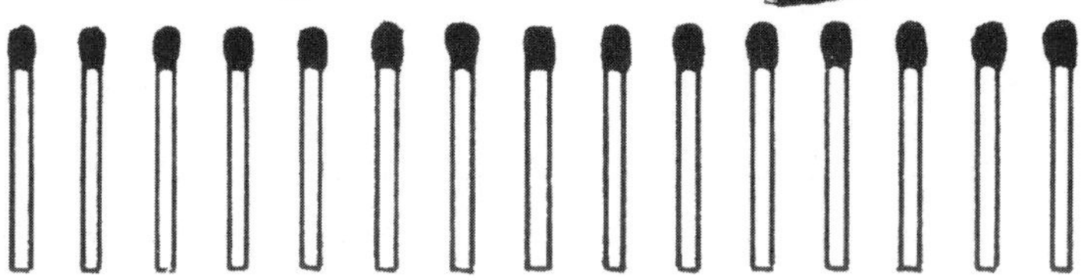

O senhor Longodds nunca saca o talão de cheques se há a possibilidade de não pagar. Você pode resolver este quebra-cabeça antes que o pobre senhor Pettibone precise tirar sua carteira?

Os dias

Billy, o velho marinheiro, foi um dia a Nantucket com $ 10,00 e voltou à noite com $ 150,00. Ele comprou uma gravata nova na loja de departamentos e alpiste na loja de animais. Depois, foi ao barbeiro para cortar o cabelo.

Billy trabalhava no Museu da Pesca da Baleia e recebia seu pagamento toda quinta-feira com cheque. Naquela época do ano, o banco só abria às terças, às sextas e aos sábados. O barbeiro sempre fechava aos sábados e a loja de animais não abria às quintas nem às sextas.

A partir dos dados acima, em que dia da semana Billy foi à cidade?

A família

O vovô Tommy costumava contar esta história. Em uma de suas festas de aniversário, ele recebeu 10 membros da família, além de muitos outros convidados. Entre todas as pessoas, havia dois avôs, duas avós, três pais, três mães, três filhos, três filhas, duas sogras, dois sogros, um genro, uma nora, dois irmãos e duas irmãs.

Você sabe que membros da família estavam na festa, considerando tantos laços familiares?

O cofre

No mundo do crime, nenhum trapaceiro era mais desprezível do que Dick Trapaceiro. Quando roubava uma casa, não hesitava em roubar os cofres das crianças. Olhando a ilustração, ele também deve ter sido um dos menores arrombadores da história. Quando arrombou este cofre que mostramos aqui, tirou de lá 100 moedas. Somando seu valor, dava R$ 5,00. Você pode adivinhar que moedas ele tirou e quantas de cada havia?

A profecia

Mesmo a dois para um, esta aposta é moleza para Bob Zás-Trás. Como ele pode estar tão certo de que vai ganhar as apostas quase todas as vezes?

Os cigarros

Na ilustração, Ned Nicotina parece estar em apuros e não pode comprar cigarros. Assim, é obrigado a enrolar seus próprios cigarros. Para isso, usa o tabaco das bitucas dos cigarros que já fumou. Consegue fazer um cigarro com três bitucas. Esta noite, ele guardou dez bitucas com as quais pretende fazer cinco cigarros. Parece impossível, mas Ned tem um plano. Que plano é esse?

As fichas de pôquer

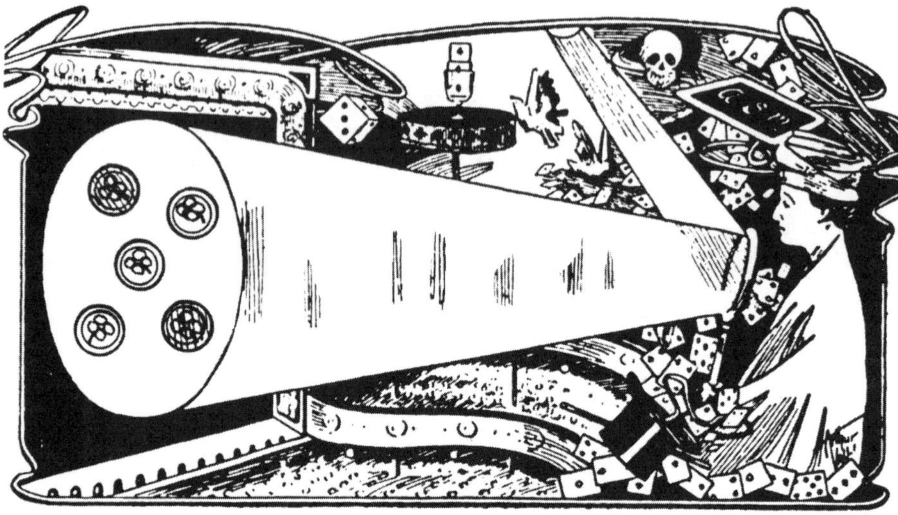

O espelho mágico de Gandolfo, o Grande, vê tudo, sabe tudo e conta tudo... Basta pagar $ 25,00 de entrada. Durante sua atuação, Gandolfo exibe na tela vários quebra-cabeças que colecionou em várias partes do mundo. Na ilustração, o espelho mágico está projetando um famoso desafio das fichas de pôquer. Perdeu-se muito dinheiro tentando resolver esse desafio, que consiste em arrumar cinco fichas em duas fileiras, sendo uma com três fichas e outra com quatro. O que torna mais difícil a tarefa é que você tem somente 60 segundos para dar a resposta.

As rolhas

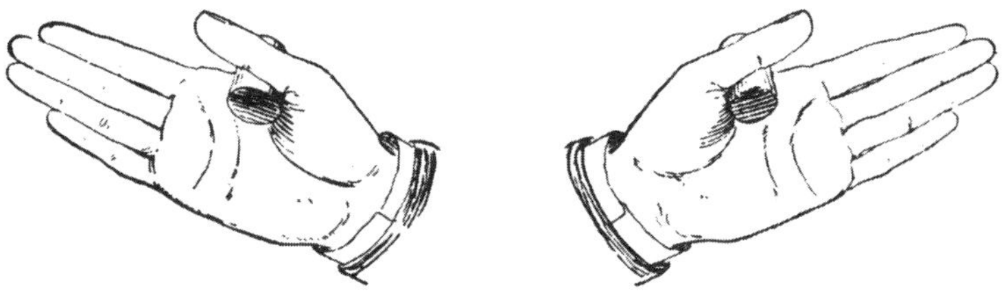

Fig. 1

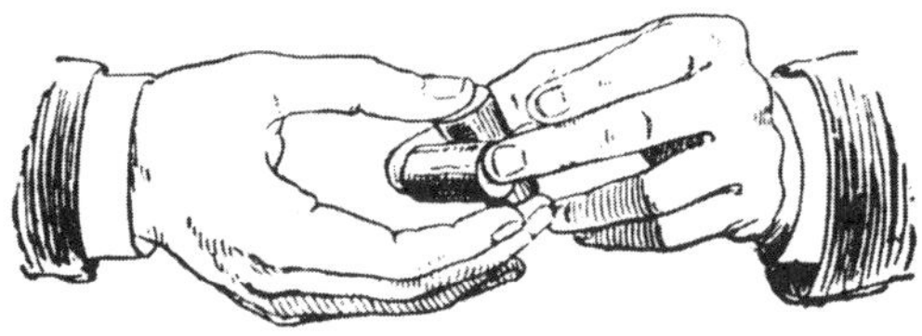

Fig. 2

Este é um bom quebra-cabeça para oferecer a seus amigos em sua próxima festa. Quem vai explicá-lo é o professor Hoffmann, um especialista em quebra-cabeças.

— Pegue duas rolhas e segure-as como mostra a figura 1, isto é, entre o polegar e o indicador. Agora, com o polegar e o dedo médio da mão direita, segure a rolha da mão esquerda (um dedo em cada extremidade da rolha). Ao mesmo tempo, com o polegar e o dedo médio da mão esquerda, segure a rolha da mão direita e separe as duas.

Parece simples, mas o novato provavelmente segurará as rolhas como mostra a figura 2. O desafio é evitar que isso aconteça e permitir que se separem livremente.

A aposta

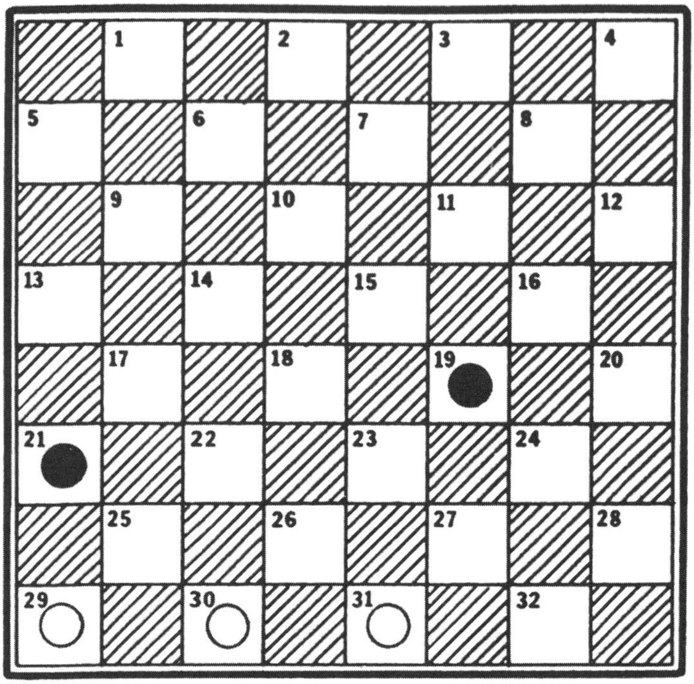

Arrume o tabuleiro do jogo de damas como mostra a ilustração. Diga ao seu oponente que ele será o primeiro a jogar e que ficará com as fichas pretas. Aposte R$ 1,00 como ele não conseguirá coroar um rei na casa 19.

Depois que ele perder, arrume o tabuleiro de novo e lhe diga que, agora que ele já sabe como as coisas funcionam, poderá recuperar o dinheiro que perdeu. Dessa vez, você jogará primeiro com as fichas pretas. Para surpresa de seu amigo, você vai ganhar de novo, mostrando que um raio pode cair duas vezes no mesmo lugar.

O desafio aqui é você descobrir como isso é possível. É mais fácil do que parece.

O planetário

O	S	M	I	P	U
L	U	A	S	T	J
P	T	U	R	E	M
A	E	N	A	R	C
O	∀	O	O	I	U

Waldo é um astrônomo amador e está verificando o próximo quebra-cabeça. Neste quadro de letras, estão escondidos os nomes dos dez planetas do nosso sistema solar e a estrela em torno da qual todos eles se movem.

O lagarto chifrudo

A última aquisição do museu natural foi de um lagarto chifrudo. Colocaram-no em um viveiro circular na sala dos répteis. O lagarto foi logo explorando seus novos domínios. Começando pela porta, ele andou 60 cm para o norte e correu até a borda. Então, se voltou para o leste e correu em linha reta por 80 cm, até trombar na borda do recinto fechado.

Usando esses dados, você saberia dizer qual é o diâmetro do viveiro?

O jogo de pôquer

Anos atrás, nas ligas de beisebol, os jogadores eram pagos depois de cada partida. Muitos deles passavam então jogando pôquer até altas horas. Em um desses jogos, os quatro jogadores — Melvin, Harvey, Bruce e Ray — tinham R$ 233,00 quando começaram a jogar. Quando o galo cantou e o jogo terminou, Melvin tinha R$ 20,00 mais que Harvey, R$ 53,00 mais que Bruce, e R$ 71,00 mais que Ray.

Quanto cada um tinha ao irem para casa?

O trenzinho de brinquedo

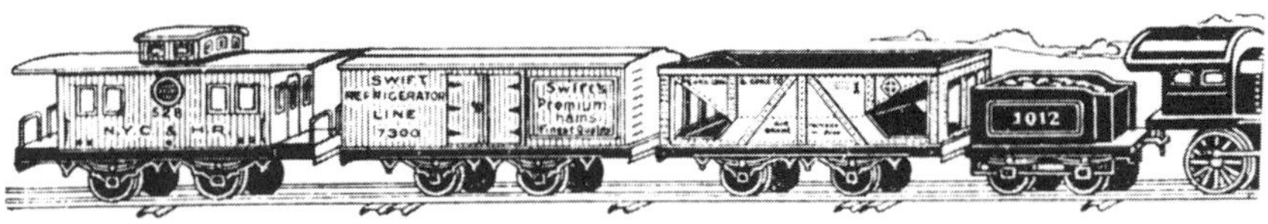

Num Natal, meu pai me deu um conjunto de trens. Além dos vagões que vinham no brinquedo, ele comprou 20 vagões extras pagando R$ 20,00 adicionais. O vagão de passageiros custava R$ 4,00 cada. Os vagões de carga custavam R$ 0,50 cada e cada vagão de carvão custava R$ 0,25 (isso tudo foi há muito tempo). Quantos carrinhos de cada tipo ele comprou com os R$ 20,00?

O castigo

Será que Gregório não vai aprender nunca? O seu professor deu-lhe um osso duro de roer. Ele só pode usar os números 1, 3, 5, 7 e 9 para formar um número cuja soma dos algarismos seja número par. Você poderá ajudá-lo a sair do castigo?

Brincando de loja

Sally e Dóris estão brincando de loja. Sally comprou de Dóris três vidros de geléia de morango e quatro vidros de geléia de pêssego por R$ 3,10. Agora, ela deve 10 centavos.

Com esses dados, você pode descobrir qual é o preço do vidro de geléia de morango e o de pêssego?

Os buracos de bala

No Velho Oeste, Cattle Kate era famosa. Sua habilidade com pistola de seis tiros era legendária. Na ilustração, nós a vemos ganhando uma aposta de que acertaria 12 balas na parede olhando para o outro lado. A aposta foi de que ela seria capaz de alinhar as balas em sete fileiras com quatro buracos em cada uma. É claro que alguns dos buracos poderiam fazer parte de mais de uma fileira. Você tem idéia de como as balas ficaram alojadas na parede?

A venda do carro

— Bem, Dafne, consegui vender a charanga. Primeiro, pedi R$ 1.100,00. Como não havia interessados, baixei para R$ 880,00. Ainda assim, ninguém quis saber. Então, reduzi o preço para R$ 704,00. Por fim, num ato de desespero, baixei o preço de novo e aí vendi. Qual foi o preço final do carro?

O baralho

Retratamos, aqui, um fabricante de baralhos do século 18. Algumas pessoas consideravam o jogo de cartas uma perda de tempo. Por isso, ele percorria as cidades para fazer propaganda do seu próprio produto. Um baralho é muito semelhante a um calendário. Há, de fato, seis semelhanças entre um baralho e um calendário. Você sabe quais são?

As cartas reais

Eis como Roger espera ganhar um carro novo. Para resolver o quebra-cabeça, você tem de pegar quatro reis e quatro damas de um baralho e arrumá-los nesta ordem: rei, dama, rei, dama, rei, dama, rei, dama. As cartas precisam ser distribuídas da seguinte maneira:

(1) Pegue a primeira carta e coloque-a com a face virada para a mesa.

(2) Pegue a seguinte e coloque-a no fundo do monte.

(3) Repita esse procedimento mais sete vezes.

É um pequeno truque que talvez faça Roger voltar para casa dirigindo um carro novo. Veja se você resolve o desafio em menos de 30 minutos.

O computador

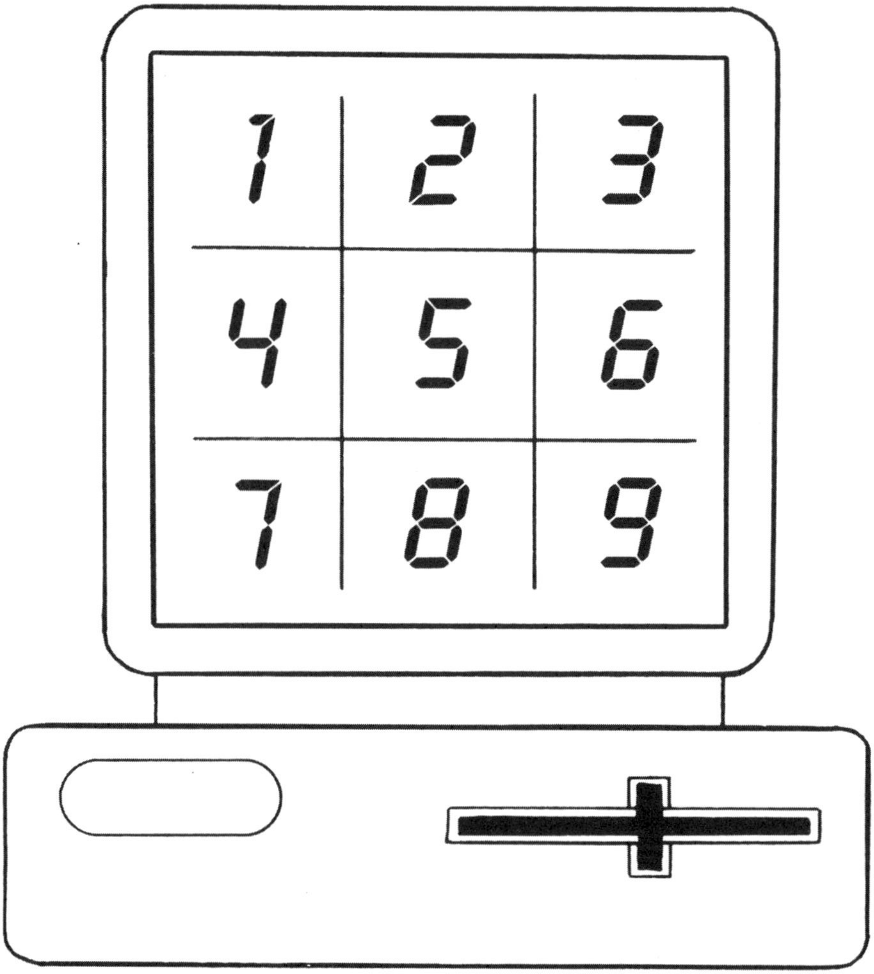

O computador está funcionando há horas. Ele tem de colocar os números de forma que o valor da segunda fileira horizontal seja o dobro do valor da primeira fileira, e o da terceira fileira seja o triplo do valor da primeira.

O beijo

O desafio que Caleb apresentou é antigo, mas dos bons. Você sabe como ele ganhará os lábios de Elvira?

A escada de corda

Quando o navio entrou no porto de Nova York, ele precisava de manutenção no seu casco. Uma escada de corda desceu do convés até a água. O espaçamento entre os degraus era de 30 cm e havia 50 degraus acima da água na maré baixa. A água no porto de Nova York sobe cerca de 15 cm por hora. Será que você consegue calcular quantos degraus continuarão acima da água seis horas depois de o navio atracar, quando a maré subir?

A garrafa

Um dos alunos do professor Flankum deu-lhe um bilhete que veio em uma garrafa. A nota desafiava o homem a descobrir qual capitão de navio teria escrito o poema contido nela:

"Comando uma poderosa embarcação
Com rara carga de partes do mundo.
Nada comercializo nem tenho para vender,
Qualquer vento me serve bem.
Para nenhum porto ou ancoradouro sou levado,
Meu maior desejo é encalhar."

Você sabe quem era esse piloto poético?

A cédula

Quando morreu o rei Bowen, da Galstônia, a rainha decidiu despedir seu criado, que ela odiava. Como ele tinha certas regalias reais, era necessário que ele tirasse a sorte para ver se mantinha ou não o seu emprego. A rainha colocou, então, dois pedaços de papel em sua coroa. Um dizia "Vá embora!" e o outro deveria dizer "Fique!". Entretanto, a rainha escreveu "Vá embora!" nos dois papéis para ter certeza de que ele sairia. Apesar dessa manobra da rainha, o criado manteve seu emprego no palácio. Como ele conseguiu isso?

A soma

Papai Urso parece muito bravo com o que está lendo no jornal. Vamos ver qual é o problema antes que ele exploda:

"Os números mostrados acima somam 45. Será que você consegue, mudando um dos sinais de adição para o sinal de multiplicação e acrescentando um par de parênteses, transformar o resultado em 100?"

A loja de mágicas

Estamos em frente a uma famosa loja de mágicas. Às 13 horas, vamos encontrar o professor Hoffmann, famoso criador de quebra-cabeças. Então, vamos entrar.

— Olá, professor. Chegamos a tempo, não? O senhor tem um novo desafio para hoje?

— Claro que tenho! Sentem-se e tentem resolver o problema das três heranças. Um homem deixou a herança para suas três criadas. A criada de quarto estava com ele três vezes mais tempo do que a governanta, e a cozinheira estava com ele duas vezes mais tempo do que a criada de quarto. As heranças foram distribuídas de acordo com o tempo de permanência no trabalho. O total a ser dividido foi de R$ 700,00.

Qual foi o total que cada uma das criadas recebeu?

A substituição

Folheando livros estrangeiros, o mágico encontrou um desafio interessante. O cartaz que ele está segurando ilustra o quebra-cabeça. Para resolvê-lo, você deve substituir os números de 1 a 9 pelos pontos do cartaz de tal forma que se crie um verdadeiro problema matemático. Não há zero e cada número só pode ser usado uma vez.

Vamos ver se você obtém a resposta em 30 minutos.

As bolhas

O vovô costumava dizer que o seu maior prazer na juventude era ir a festas de bolhas. Todo mundo ganhava canudos e havia prêmios para aqueles que soprassem as maiores bolhas ou para aqueles que conseguissem manter mais bolhas no ar ao mesmo tempo. Quando lhe perguntaram qual foi o maior número de bolhas que ele soprou, respondeu:

— Fiz um quebra-cabeça com isso, meu jovem!

O vovô adorava um bom enigma.

— Se eu tivesse tido muito mais, e mais a metade de muito mais, e ainda mais sete, eu teria mantido 32 bolhas no ar — explicou ele.

A partir dessas dicas confusas, você consegue saber quantas bolhas exatamente ele manteve no ar ao mesmo tempo?

A transposição

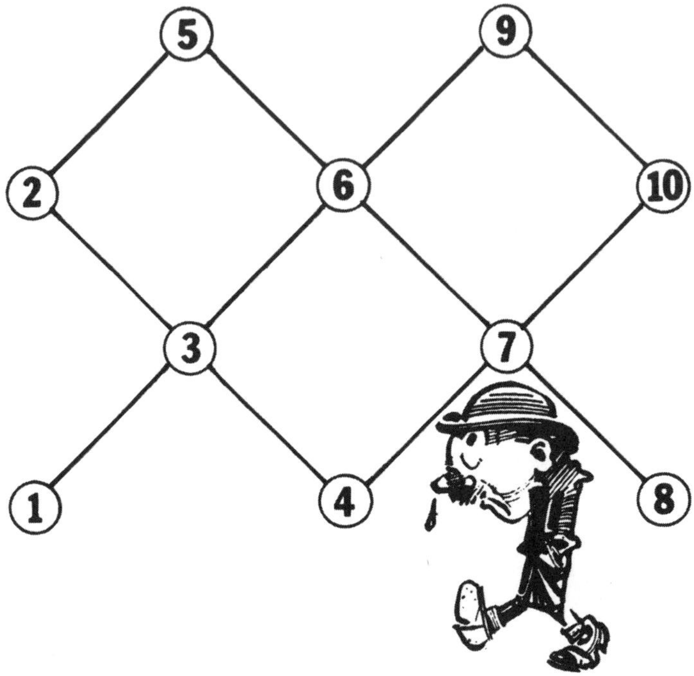

George não consegue resolver este problema. Vamos ajudá-lo? Coloque uma moeda em cada círculo numerado: um centavo em 1 e em 2, e dez centavos em 8 e 10. O desafio é fazer com que essas moedas troquem de lugar em 18 movimentos. As regras para mover as moedas são: você pode mover uma moeda de cada vez para qualquer círculo numerado, em qualquer linha reta. Você pode mover qualquer moeda durante sua vez, mas não pode mover a mesma moeda duas vezes em uma fila. O mais difícil é que, em hipótese alguma, a moeda de um centavo e a de dez centavos podem estar na mesma fileira.

Essas são as regras e você tem 15 minutos para resolver o desafio.

A roda do parque de diversões

Pirulito, o palhaço do parque, está certo. O chefe é um homem muito supersticioso. Ele sempre quer que os números de 1 a 11 da roda estejam dispostos de tal forma que cada vez que três números estejam em uma linha reta, sua soma seja 18.

Você consegue colocar os números desse jeito?

As gorjetas

— Mike, acho que você me enganou quando dividimos as gorjetas do almoço — Pat se queixou.

— Não, eu pensei que você estava sendo generoso, Pat! — Mike respondeu inocentemente.

Aí está o problema: depois do almoço, quando eles tentavam dividir as gorjetas, Pat deu para Mike tantos dólares quantos Mike tinha. Mike disse então:

— É demais. — E devolveu a Pat tanto dinheiro quanto tinha sobrado para Pat.

— Não, Mike. Isso é demais. — Pat disse e deu a Mike tantos dólares quantos haviam sobrado na mão de Mike.

Pat agora está sem dinheiro e Mike tem um total de R$ 80,00. Pat, obviamente, precisa de um contador. Quanto dinheiro os dois garçons tinham antes de começar as transações?

A colméia

As abelhas retratadas na ilustração estão muito ocupadas tentando dar uma nova ordem para os números de 1 a 14. Elas estão procurando colocar os números de tal forma que não haja dois números consecutivos em favos adjacentes. E mais: nenhum número pode ficar próximo de um número divisível por número par. (O número 1 está excluído dessa consideração.) Tente resolver o problema!

O castelo

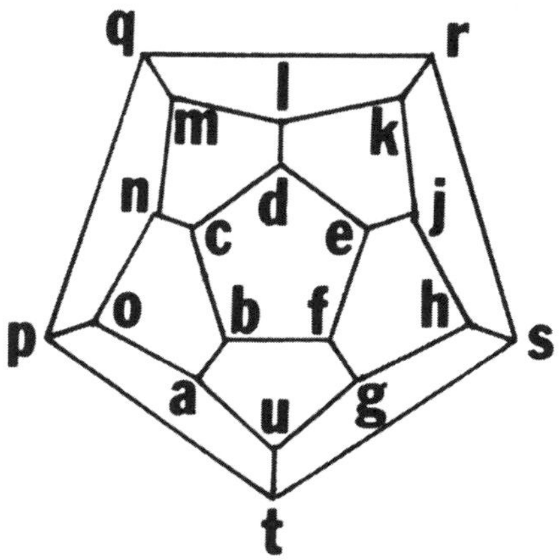

Acima, você vê o desenho de um castelo. As posições das sentinelas estão assinaladas com letras na pequena planta. Todos os postos estão ligados por passagens como indica a ilustração.

Que caminho o arauto deve percorrer se ele quiser inspecionar cada posto somente uma vez, durante seu turno, e terminar no ponto em que iniciou?

As bolinhas de gude

Na ilustração acima, vemos uma disputa de bolinhas de gude entre John e Peter. Os dois jogadores vieram com seus saquinhos de bolinhas de gude para resolver, de uma vez, quem era o melhor. Começaram o jogo com o mesmo número de bolinhas. Depois da primeira rodada, John tinha 20 bolinhas a mais. No entanto, na segunda e última rodada, ele perdeu 2/3 do que tinha. Peter tinha, então, quatro vezes mais bolinhas de gude do que John. Com quantas bolinhas cada um começou o jogo e com quantas terminou?

Os balões

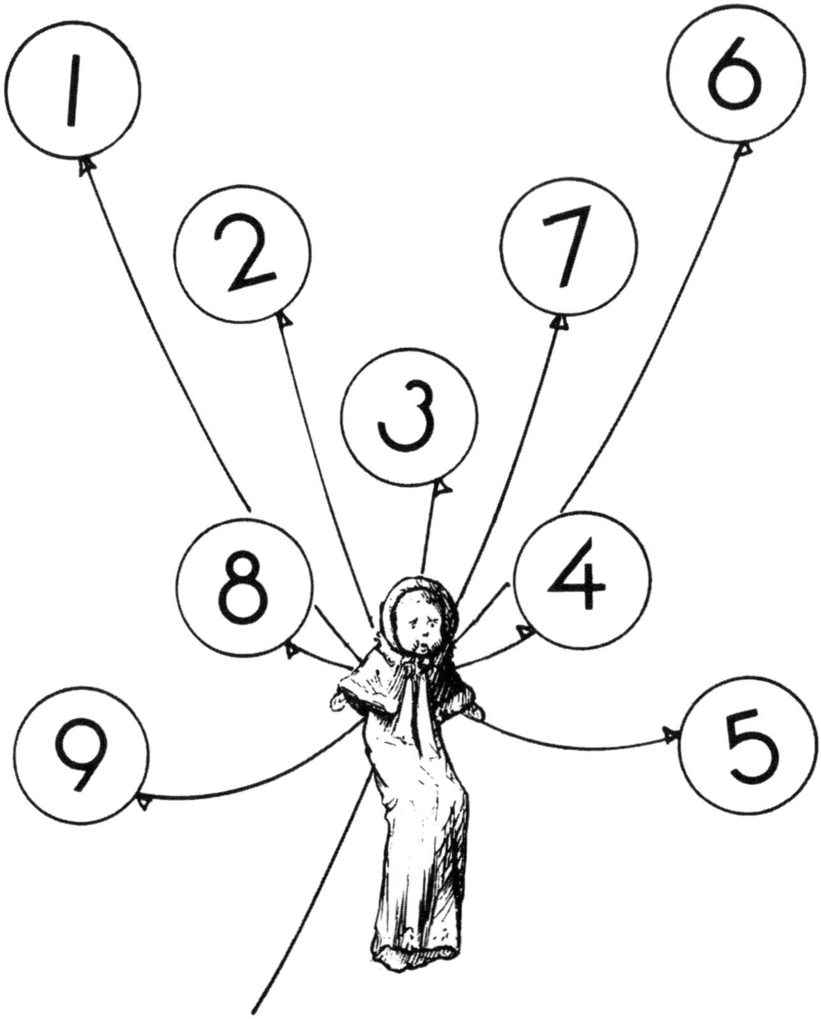

O bebê não parece feliz com a idéia de seu irmão tomar conta dele, mas esses balões numerados nos lembram um velho quebra-cabeça. Você pode rearranjar os balões de forma que os números em cada duas fileiras de cinco balões somem 27? Depois, peça ao irmão do bebê para deixá-lo em terra firme!

O vinho

Para participar da festa de Baco, você deve adivinhar a quantidade de vinho que há em cada barril de 45 litros. Os barris são denominados *A* e *B*. O barril *A* contém mais vinho que o barril *B*.

Primeiro, você deve despejar do barril *A* para o barril *B* tanto vinho quanto o barril *B* já contém. Em seguida, você deve despejar do barril *B* de volta para o barril *A* tanto vinho quanto o barril *A* tem agora. Por fim, você deve despejar do barril *A* para o barril *B* tanto vinho quanto o barril *B* contém agora.

Nesse ponto, os dois barris contêm 24 litros de vinho. Qual é a quantidade de vinho que cada barril continha no início?

O dominó

Há poucos quebra-cabeças com dominó. Este é um deles. Você vê quatro pedras de dominó vazias. O seu problema é descobrir onde colocar 18 marcas de acordo com as seguintes regras:

O número total de marcas na parte superior das pedras do dominó tem de ser igual ao total de número de marcas na parte inferior das pedras. A primeira pedra deve ter duas vezes mais marcas que a última pedra do jogo. Uma das peças tem apenas uma marca e a outra é dupla, ou seja, tem o mesmo número de marcas na parte de cima e de baixo.

Finalmente, três dominós têm o mesmo número de marcas na parte superior de suas pedras, e dois têm o mesmo número na parte inferior das pedras.

Parece confuso, mas aposto que você consegue resolver o problema em menos de 15 minutos.

Os primatas

É hora do almoço no zoológico e, no pavilhão dos primatas, todos pedem bananas. Diariamente, são distribuídas 100 bananas entre os 100 animais. Cada gorila ganha três bananas, cada macaco ganha duas. Os lêmures, que são menores, ganham meia banana cada um.

Com essas informações, você pode calcular quantos gorilas, quantos macacos e quantos lêmures há no pavilhão?

Depois do jantar

Antes de existir a televisão, as pessoas sentavam-se ao redor da mesa e conversavam. Os quebra-cabeças eram um passatempo comum depois da sobremesa. Na ilustração, um dos comensais está mostrando o problema do triângulo. O desafio é pegar um triângulo eqüilátero e cortá-lo em cinco pedaços que podem, em seguida, ser usados para formar outros quatro triângulos eqüiláteros menores. Nem todos os pedaços serão usados para formar cada um desses triângulos. Mãos à obra!

O funileiro

Na bancada atrás de Timóteo, há um pedaço de estanho que ele cortará em cinco pedaços que poderão formar um quadrado perfeito. Você tem idéia de como ele fará isso?

O cachorro-quente

A experiência

Jimmy: Olá, mãe! Eu consegui! Eu isolei a substância HIJKLMNO!

Mãe: Legal, Jimmy, mas não queime o tapete.

Bem, parece que Jimmy fez uma experiência química. Você consegue descobrir o que ele usou para encontrar o seu HIJLMNO?

Os triângulos

A lição de casa era um problema de geometria. A tarefa era tirar quatro barras do desenho acima de modo que restassem cinco triângulos. Todos os alunos da sala parecem saber como fazer isso. E você, também sabe?

A touca pensante

5	11	23	?	95	191

O professor Barnstable, inventor da touca pensante, veio atender a um desafio feito por uma escola de computação. Ele colocou sua touca pensante para tentar resolver o problema de progressão dos números acima. Você consegue imaginar qual é o quarto número dessa seqüência?

As estrelas de cinema

As irmãs Ima e Sucha Dish ficaram furiosas quando chegaram a Hollywood, nos anos 1920. O estúdio não revelava a idade delas, mas um agente decidiu desafiar a imprensa a adivinhar a idade de cada uma a partir do seguinte quebra-cabeça:

"Somadas, as idades das duas dão 44 anos. Neste momento, Ima é duas vezes mais velha do que Sucha era quando Ima tinha a metade da idade que Sucha terá quando Sucha for três vezes mais velha do que Ima era quando Ima era três vezes mais velha que Sucha."

Com esses dados, você certamente saberá dizer quantos anos tinha cada uma.

As estátuas

Quando Calvin abriu sua loja de antigüidades, estas duas estátuas estavam na vitrine. Depois de dois dias, ele vendeu a primeira estátua por R$ 198,00 e teve um lucro de 10%. Depois, vendeu a segunda estátua por R$ 198,00 e teve 10% de prejuízo com a venda. Somando as duas vendas, Calvin teve lucro ou prejuízo nessas vendas?

As câmeras

Quatro colecionadores foram a um leilão de câmeras antigas e voltaram com um achado. Um dos itens era uma mala contendo 233 câmeras antigas. Os colecionadores juntaram o dinheiro e fizeram a oferta vencedora. Quando chegaram em casa, dividiram as câmeras de acordo com a quantia que cada um havia dado.

Fernando recebeu 20 câmeras a mais do que Sílvio, 53 a mais do que Plínio, e 71 a mais do que Bruno.

Responda: quantas câmeras cada colecionador recebeu?

Os quebra-cabeças mais difíceis do mundo

O livro-caixa

Início do balanço do mês			$ 54,00
Conta #0221	$ 20,00	Balanço	$ 34,00
Conta #0222	$ 20,00	Balanço	$ 14,00
Conta #0223	$ 10,00	Balanço	$ 4,00
Conta #0224	$ 4,00	Balanço	$,00
Total	$ 54,00	Total	$ 52,00

Tadeu vem tentando, há horas, entender por que os dois lados da tabela deste livro-caixa não batem. Afinal, onde foram parar os $ 2,00 que estão faltando?

O tabuleiro

Corncrib terá de raspar o cavanhaque se perder outra partida de dama para Pop Bentley. Ele não ganha há décadas. O que se vê na figura acima é a última jogada de ambos. Pop foi o último a mover as suas peças brancas. Estas se movem de baixo para cima no tabuleiro e as pretas, de cima para baixo. Que terrível movimento teria feito Pop para selar o destino de Corncrib?

A prancha

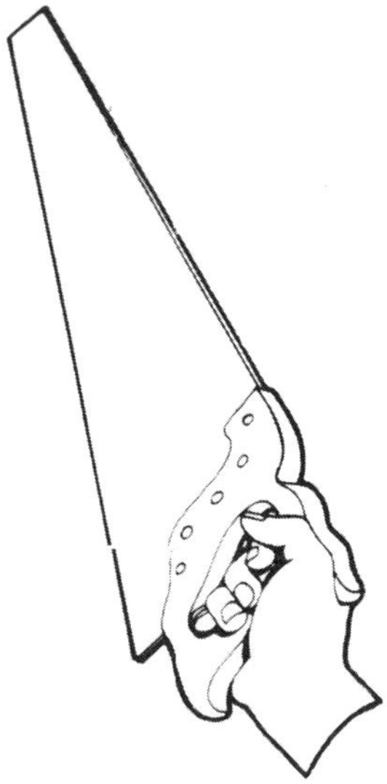

O nosso artesão acaba de chegar de uma reunião na escola de carpintaria, onde pegou todo mundo com a sua última charada da placa de madeira. Ele mostrou aos alunos um pedaço de madeira formado por cinco quadrados iguais. Primeiro, fez dois cortes nele para dividi-lo em três partes. Em seguida, juntou as partes de modo a formar um quadrado perfeito. Como ele conseguiu fazer isso?

A linha

Frederico está cochilando na rede quando poderia estar na praia curtindo suas férias. Dizem que passou a manhã desenhando na areia para tentar resolver um problema de linhas. Ele queria desenhar a figura acima usando apenas uma linha contínua que não cruzasse com as outras em nenhum ponto. Essa é para acabar com as férias de qualquer um.

Os sacos de farinha

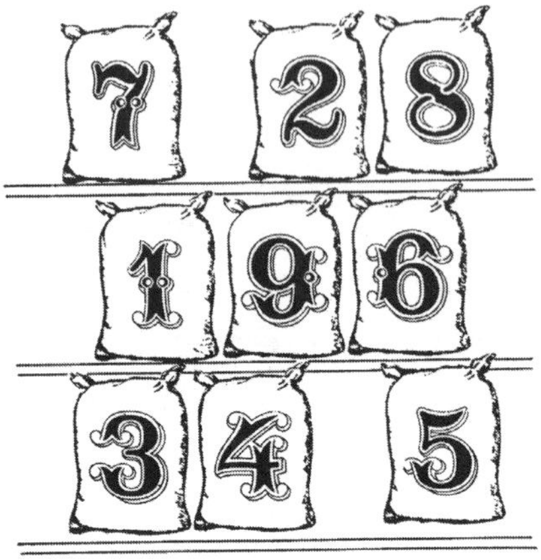

Corncrib notou uma coisa interessante nos sacos de farinha guardados em sua despensa. Em cada prateleira, havia três sacos numerados de 1 a 9. Na primeira prateleira, havia um saco e um espaço seguido por um par de sacos; na terceira prateleira, dois sacos e um espaço seguido de outro saco; enquanto na prateleira do meio os três sacos estavam agrupados. E ao multiplicar o número do saco isolado (7) pelo número formado pelo par de sacos que o seguiam (28), ele obteve o resultado 196, exatamente o mesmo número formado pelos sacos da segunda prateleira. Entretanto, ao multiplicar os números dos sacos da terceira prateleira (34 por 5), o resultado foi 170.

Corncrib então nos apresentou o seguinte desafio: como seria possível arranjar esses sacos, movendo-os o mínimo possível, de modo que a multiplicação de cada par pelo seu vizinho isolado desse um resultado igual ao número da prateleira do meio?

Os copos

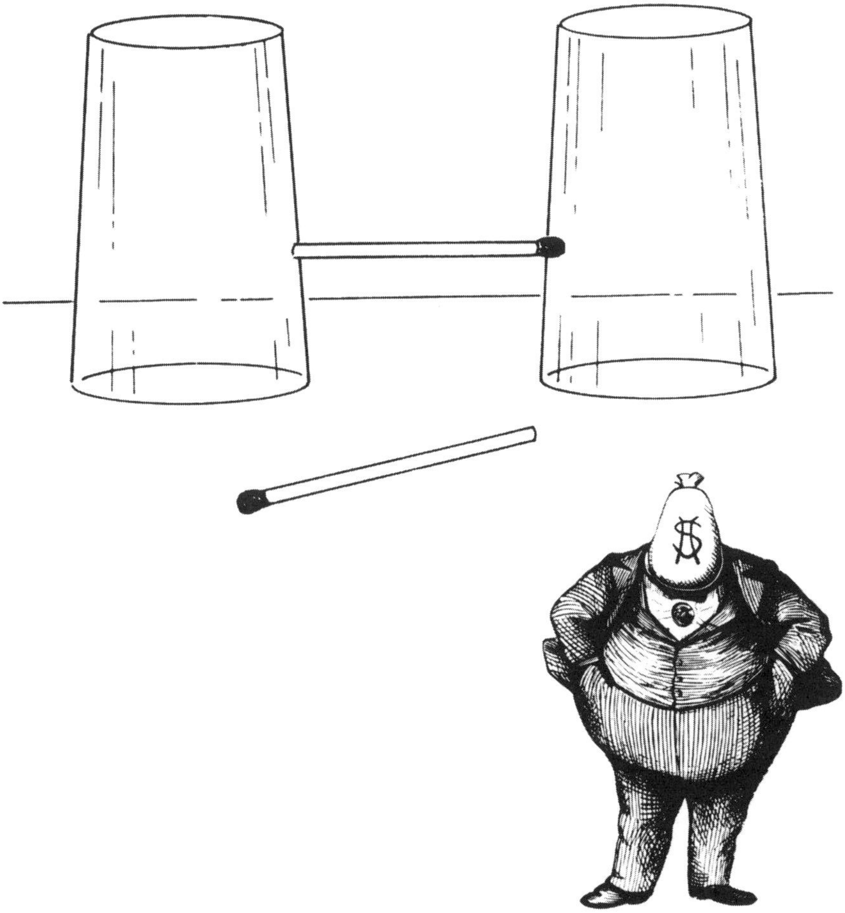

Wellington, o rei dos truques, está de volta com um desafio bem difícil: ele colocou dois copos com a boca virada para baixo a tal distância que um palito de fósforo ficasse suspenso entre os dois, como vemos na figura acima. Wellington quer apostar que, se tirar um copo, o palito permanecerá suspenso no ar. Você só pode encostar no palito com o outro palito que está sobre a mesa, mas antes de tirar o copo. Alguém se habilita?

O túmulo

O reverendo I. N. Spirado passava pelo túmulo acima quando alguma coisa nas inscrições o deixou intrigado. Após um momento de reflexão, ele descobriu o erro. Você seria capaz de descobrir o que foi revelado ao reverendo?

As ferramentas

No domingo passado, lá na loja de ferramentas do vovô, Carlos brincava com a balança que o vovô trouxera de seu país em 1903. Carlos concluiu que:

1) Três porcas mais um parafuso pesam o mesmo que 12 arruelas.

2) Um parafuso pesa o mesmo que uma porca mais 8 arruelas.

De posse dessas informações, ele bolou uma charada: quantas arruelas têm o mesmo peso que uma porca?

A idade

Quem pode ajudar Roger a descobrir a idade de Magda?

O xadrez

Mais de cem anos atrás, um famoso jogador de xadrez não só vencia a todos que o desafiassem como propunha desafios no xadrez que confundiam grandes mentes da época. Veja um dos mais difíceis. Coloque no tabuleiro quatro rainhas pretas e um bispo preto, de modo que eles controlem todas as demais peças do jogo. Em outras palavras, com as cinco peças posicionadas, é impossível mover o rei branco para qualquer casa vaga sem colocá-lo em xeque.

Antigüidade

Alex Mercator, proprietário do Antiquário Tudo Velho, não cabia em si de felicidade quando soube que havia vencido o último concurso de charadas. Ele desafiou os juízes a pegar as suas 17 peças antigas e dispô-las em quatro fileiras no chão, cada uma contendo cinco objetos. Veja se você consegue fazer o que a banca de juízes não conseguiu.

Arqueologia

Os números

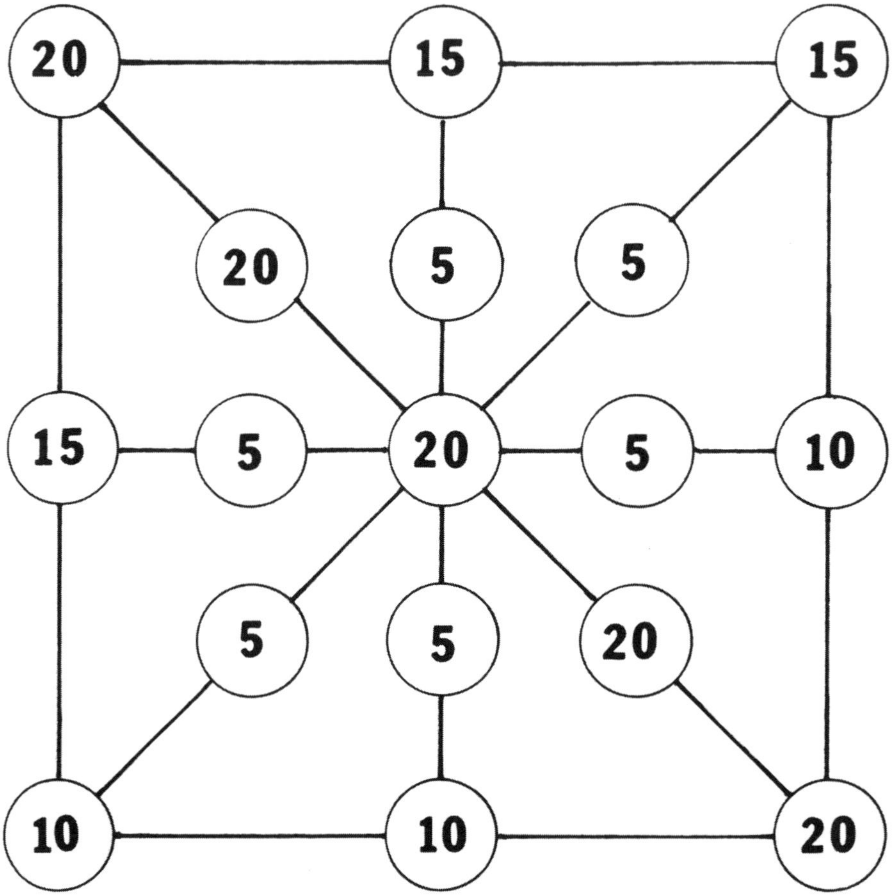

Este é um enigma muito interessante. Desafiamos você a reorganizar os 17 números do diagrama de modo que a soma deles dê 55 em todas as oito linhas retas que formam a grade.

Os pontos

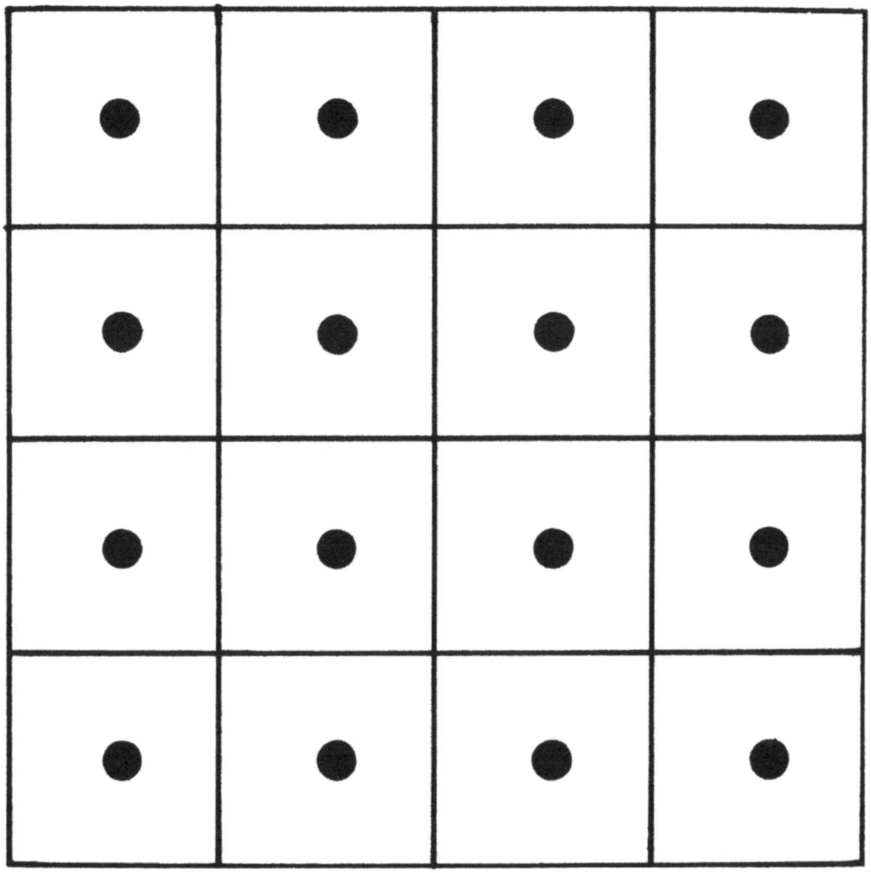

Desenhe uma grade com 16 quadrados em uma folha de papel e coloque um ponto no meio de cada quadrado. Agora o desafio: trace seis linhas retas passando por todos os pontos da grade — sem erguer o lápis do papel.

Dicas: você terá de passar por dois dos pontos duas vezes, e a primeira linha começa fora da grade.

O papel voador

Waldo soltou, simultaneamente, duas folhas de papel de carta da altura de seus ombros. Qual delas tocará o chão primeiro? Muitos apostaram. Mas como saber que o papel *A* chegará primeiro ao chão? É claro que não há nada colado nem preso nas folhas de papel.

O quadrado mágico

Este cavalheiro está diante do quadrado mágico vencedor. Para decifrá-lo, substitua os X pelos números corretos de modo a formar um quadrado cuja soma dê 34 em cada coluna, fileira e nas duas principais diagonais. Use números de 1 a 16 e apenas uma vez cada número.

O navio a vapor

Na época dos navios a vapor, muitos chegavam e partiam do porto de Nova York diariamente. Um dia, três vapores cruzaram o estreito rumo a Portsmouth, na Inglaterra. O primeiro vapor fez uma viagem completa de ida e volta em 12 dias. O segundo levou 16 dias para completar a mesma rota. O terceiro vapor voltou com dificuldade para Nova York em 20 dias. Como o tempo de permanência no porto era de 12 horas, os vapores sempre retornavam ao mar no mesmo dia em que chegavam. Quantos dias se passariam para que os três vapores partissem outra vez de Nova York na mesma data, e quantas viagens completas cada um deles faria nesse período?

A barra de ouro

O gnomo Patrick fazia suas refeições na mesma taverna quando saía em busca de ouro. No começo de cada mês, fundia seu ouro em barras de 31 cm. Todas as noites, ele comia e bebia o equivalente em ouro a 1 cm da barra. Em vez de dividir a barra em 31 pedaços, Patrick calculou o menor número de pedaços necessários para pagar o dono da taverna a cada noite. Por exemplo, na primeira noite ele deu ao proprietário um pedaço de 1 cm; na segunda, ele pagou com um pedaço de 2 cm e recebeu de troco 1 cm. Qual é o menor número de pedaços que ele precisaria cortar a barra para passar qualquer mês do ano?

As galinhas

As amigas fazendeiras Amy e Bessie iam todos os dias ao mercado vender galinhas. Bessie vendia 30 galinhas por dia, duas por R$ 1,00 e levava para casa R$ 15,00. Amy vendia 30 galinhas por dia, três por R$ 1,00 e levava para casa R$ 10,00. Um dia, Amy ficou doente e pediu a Bessie que vendesse as suas galinhas. Bessie levou 60 galinhas para o mercado e vendeu-as todas à razão de cinco galinhas por R$ 2,00. Voltou para casa com um total de R$ 24,00 pelo dia de trabalho. Isso dava R$ 1,00 a menos do que as duas mulheres faturavam por dia, quando vendiam as galinhas separadamente. Onde foi parar a diferença?

A progressão

Sandy Bunker, sócio do Clube de Campo Horas de Lazer, teve um dia bastante irregular no campo de golfe. Os resultados obtidos nos primeiros seis buracos pareciam uma montanha-russa. Interessante é que o resultado de Sandy, buraco a buraco, evoluiu numa progressão. Você é capaz de calcular quanto Sandy fez no sétimo buraco?

A moeda

Foi fraca a noite desse grupo de cantores na taverna local. No final da apresentação, havia apenas algumas poucas moedas no pote. Rudi comentou que as moedas só dariam para pagar o que custasse de 1 centavo a 1 real. Disse também que o grupo tinha o número mínimo de moedas para se fazer isso. Que moedas havia no pote?

O logotipo

Na figura acima está Woo Ling Yu, representante da famosa Companhia Exportadora de Chás Especiais. Seu braço está sobre o logotipo da companhia, uma cruz dentro de um quadrado — símbolo mundialmente reconhecido. Usando um pincel oriental, Woo disse que poderia desenhar o logo sem erguer o pincel do papel e sem passar duas vezes sobre a mesma linha. Você sabe como ele faria isso?

O tapete

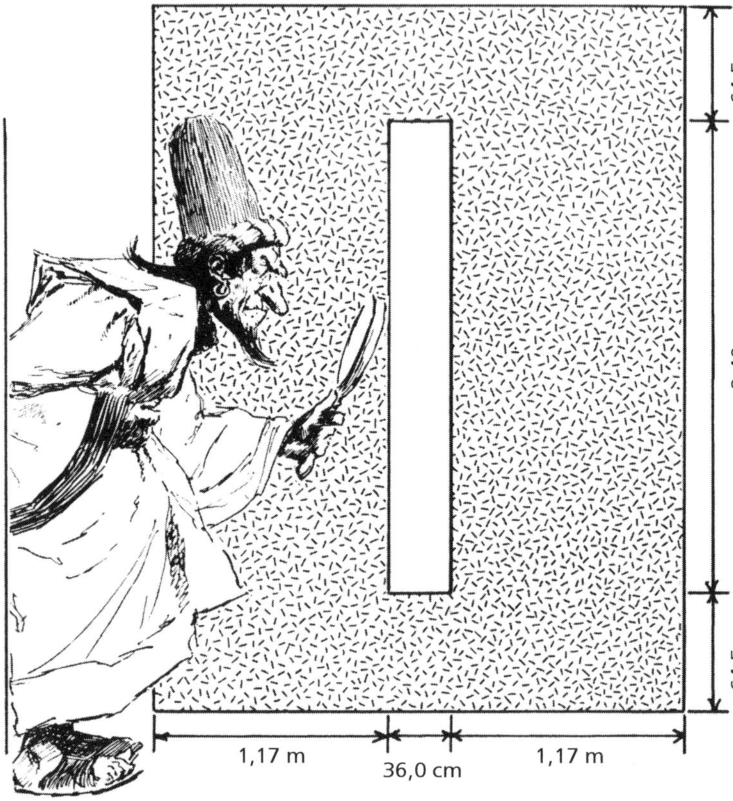

Abdul, o mercador de tapetes, está com um problemão. Ele precisa entregar um tapete de 3 por 3 metros a um cliente muito rico até o final do dia. Havia pensado em tirá-lo de uma peça de 2,70 metros por 3,69 metros que havia na oficina, mas quando desenrolou a peça descobriu que alguém havia tirado um pedaço de 36 centímetros por 2,40 metros, bem no centro do tapete. Com a rapidez dos gênios, Abdul descobriu um jeito de cortar o tapete em dois pedaços que podiam ser costurados para formar um tapete inteiro de 3 metros por 3 metros. Como ele fez isso?

O relógio

Waldo, o dorminhoco, pegou no sono lendo *Guerra e paz.* Só foi despertado com o relógio batendo no andar de baixo. O relógio bate uma vez a cada quarto de hora e o número de vezes correspondente às horas inteiras. Como Waldo continuava muito cansado, por quanto tempo ainda ele teria de permanecer em sua poltrona para saber que horas eram? Há duas respostas possíveis para esta charada.

A caixa de brinquedos

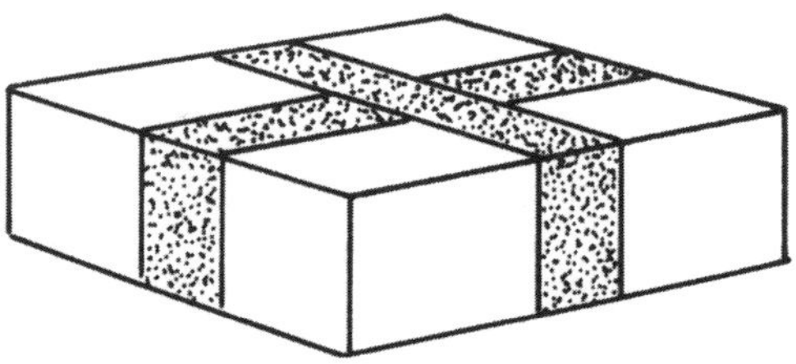

Antes da invenção do computador, os blocos de montar e os brinquedos de armar eram os preferidos das crianças. Os objetos aqui mostrados foram feitos com materiais que vieram numa caixa com as seguintes medidas: o topo, 120 polegadas quadradas; o lado, 96 polegadas quadradas; e a base, 80 polegadas quadradas. Você consegue calcular o comprimento, a largura e a altura da caixa?

Os esportes

1. TRUCEÍQE
2. LEBUOTF
3. TEFOLUB NMECIRAAO
4. LOBVOIEL
5. NSIÊT
6. DIRAROC
7. OTIR AO LAOV
8. CRAO E LAFECH
9. QIÓUHE
10. SMTIAOI
11. AEKST
12. ESCAP
13. ISMICLCO
14. LOANBMIOS
15. SEBIOBLE
16. HAMLA
17. BADLNAHL
18. BGUYR
19. TÇNÃAOA

Este quebra-cabeça homenageia o mundo dos esportes. Temos acima o nome de 19 esportes praticados ao ar livre, com as letras embaralhadas. Para ganhar o jogo, você tem 10 minutos para colocá-las em ordem.

O rei

ENTÃO, VOCÊ ACHA QUE EU TENHO PROBLEMAS COM AS MULHERES?! POIS SAIBA QUE NÃO SOU O ÚNICO GOVERNANTE QUE JÁ SE ENGANOU COM O CHAMADO SEXO FRÁGIL. VEJA SE VOCÊ CONSEGUE DESCOBRIR O NOME DESSE REI FAMOSO A PARTIR DESTA CHARADA:
"COM QUINHENTOS COMEÇA.
NO MEIO ESTÁ O CINCO;
O PRIMEIRO NÚMERO, A PRIMEIRA LETRA
OCUPAM POSIÇÕES INTERMEDIÁRIAS.
JUNTE TUDO E O NOME DO GRANDE REI
NA SUA FRENTE SURGIRÁ."

A corrida de cavalos

Este é o professor Betsalot, louco por corridas de cavalos. Ele está examinando a tabela do próximo páreo e já escolheu três: Sway Belly com 4 para 1, Tia Sara com 3 para 1 e Thunder Hooves com 2 para 1. O professor quer saber quanto deve apostar em cada cavalo para ganhar R$ 13,00, não importa qual dos cavalos chegue primeiro.

Por exemplo, se ele apostar R$ 5,00 em cada cavalo, e Sway Belly vencer, ele ganhará R$ 20,00 pelo cavalo, mas perderá R$ 10,00 pelos outros dois. Veja se você consegue resolver o problema do professor antes que a corrida comece.

A rota

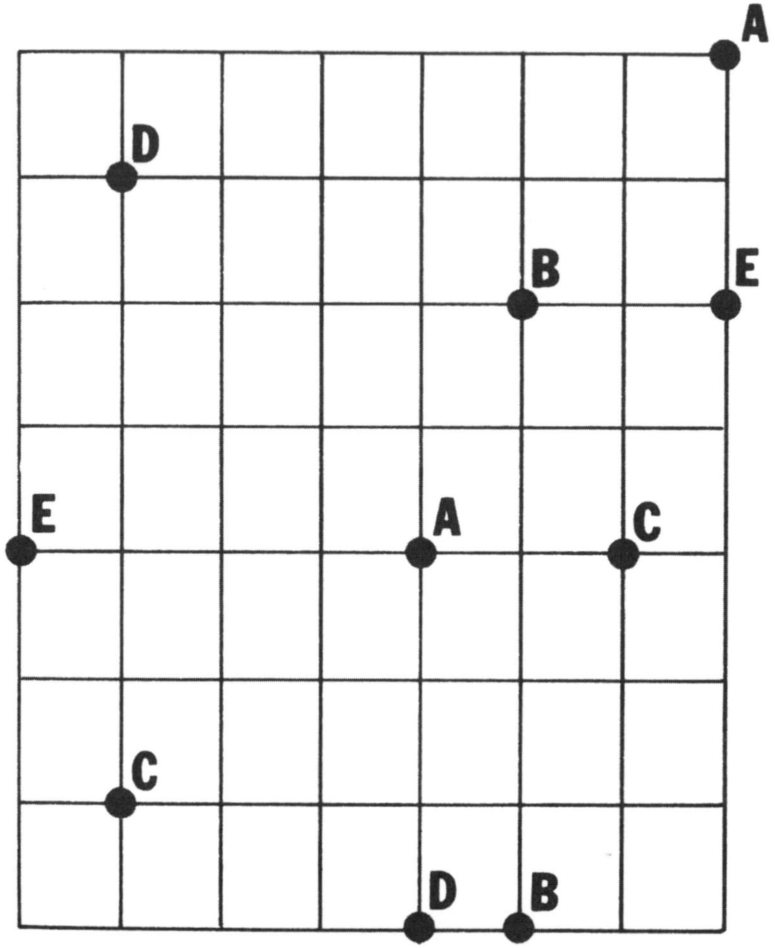

Este é um enigma bastante antigo, mas muito interessante. Na grade acima, há cinco pares de pontos, nomeados de A a E. Ligue os pares: A com A, B com B, C com C, D com D e E com E. As linhas que você traçar devem acompanhar as linhas da grade. Duas linhas não podem se cruzar nem encostar uma na outra. Agora, assuma o controle desse tráfego.

O jogo de amarelinha

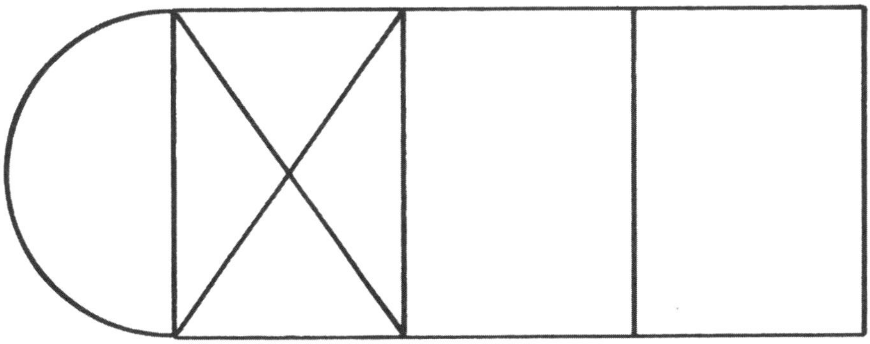

Vemos aqui um grupo de garotos do século 19 num animado jogo de amarelinha. Sob a ilustração, há um quebra-cabeça. Para resolvê-lo, acompanhe suas linhas com uma linha contínua, sem erguer o lápis do papel e sem cruzar em nenhum ponto. E não pode passar por nenhum ponto mais de uma vez. Não vale olhar a resposta antes de tentar encontrar a solução.

Os palitos de fósforo

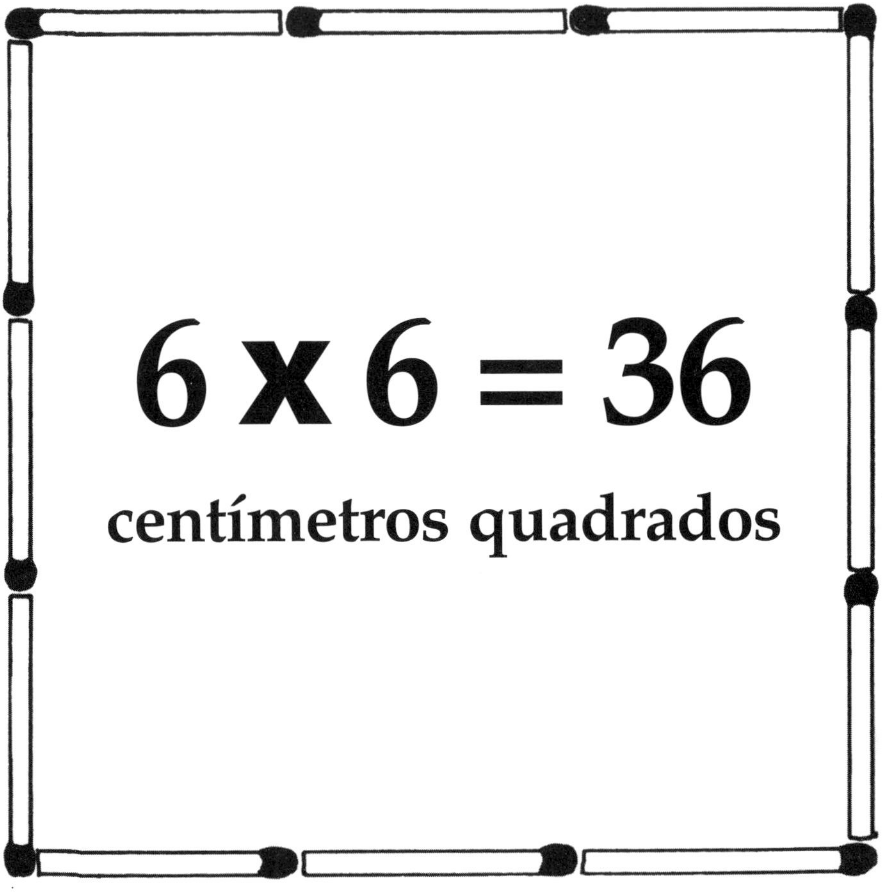

Esses palitos de fósforo formam um quadrado. Cada palito mede 2 cm, e formam um quadrado de 6 cm por 6 cm, portanto, com 36 cm^2 de área. Reorganize os doze palitos numa nova forma que tenha uma área de 12 cm^2.

Os círculos

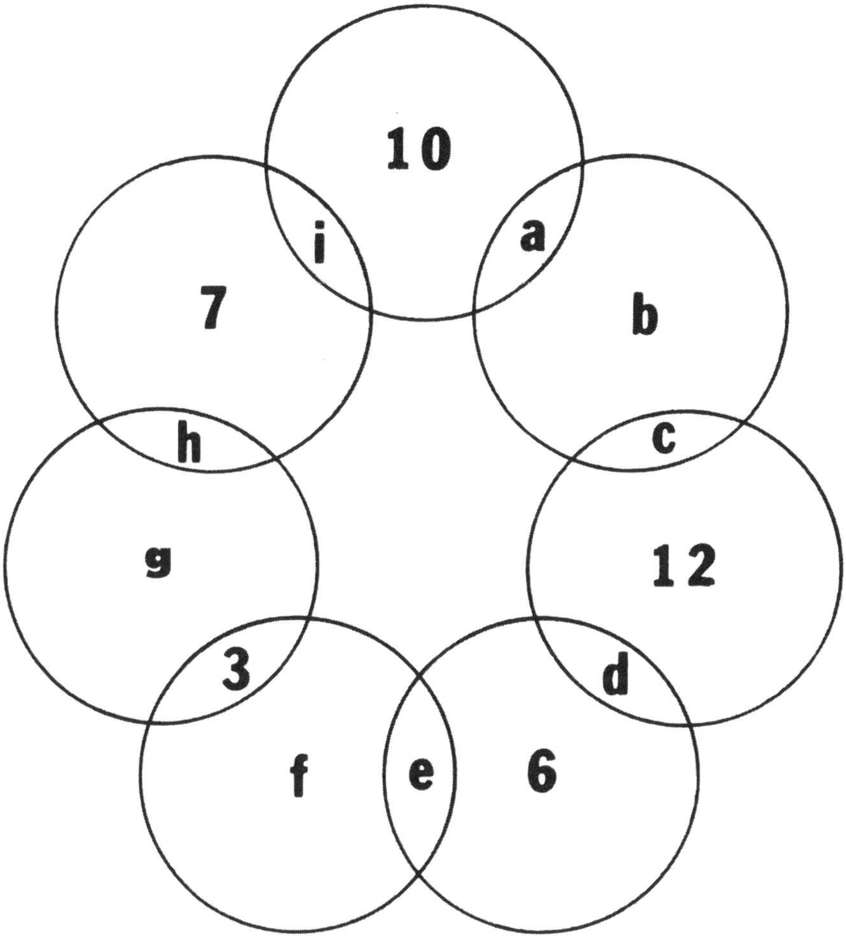

Você só "verá círculos" na sua frente quando terminar este quebra-cabeça. Na figura acima, vemos 7 círculos interligados e 14 áreas definidas. Substitua as letras por números de modo que todos os números de 1 a 14 apareçam no desenho. O desafio é fazer isso de tal maneira que os números de qualquer um dos círculos sempre somem 21. Você tem todo o tempo do mundo para encontrar a solução.

O pão

ESTA HISTÓRIA FOI CONTADA PELO PRÓPRIO CHARLES. O JOVEM MACIEL DISTANCIOU-SE DE SEU REGIMENTO E ACABOU SE PERDENDO. MORTO DE FOME, ENCONTROU DOIS NATIVOS QUE IAM COMEÇAR A COMER. UM DELES TINHA TRÊS PEDAÇOS DE PÃO E O OUTRO, CINCO. ELES CONCORDARAM EM DIVIDIR OS PÃES SE MACIEL PAGASSE POR ELES. É CLARO QUE MACIEL ACEITOU, E OS TRÊS DIVIDIRAM OS OITOS PÃES EM PARTES IGUAIS. QUANDO TERMINARAM DE COMER, MACIEL DEU A ELES OITO MOEDAS E VOLTOU PARA O REGIMENTO. E OS DOIS NATIVOS FORAM DIVIDIR O DINHEIRO. AQUELE QUE TINHA TRÊS PÃES QUERIA DIVIDIR O DINHEIRO EM PARTES IGUAIS, MAS O OUTRO QUERIA CINCO MOEDAS PELA SUA PARTE. ISSO ACABOU SE TRANSFORMANDO NUM PROBLEMA. COMO AS SENHORAS AQUI PRESENTES DIVIDIRIAM O DINHEIRO DE UMA MANEIRA JUSTA?

O cofre

Na virada do século 19, os cofres da marca Hall eram sinônimo de segurança máxima nos Estados Unidos. O cofre acima pertencia a um homem muito rico, mas com memória muito curta. Tanto que nunca conseguiu memorizar os três números da combinação da fechadura. Entretanto, ele colou uma pista na tampa do cofre para ajudá-lo:

"Multiplique o primeiro número por 3 e a resposta será sempre com números 1. Multiplique o segundo número por 6 e a resposta será sempre com números 2. Multiplique o terceiro número por 9 e a resposta será sempre com números 3."

Se os arrombadores de cofre tivessem ido à escola, teriam conseguido transformar as pistas em dinheiro. Você é capaz de fazer a velha fechadura abrir?

A transposição

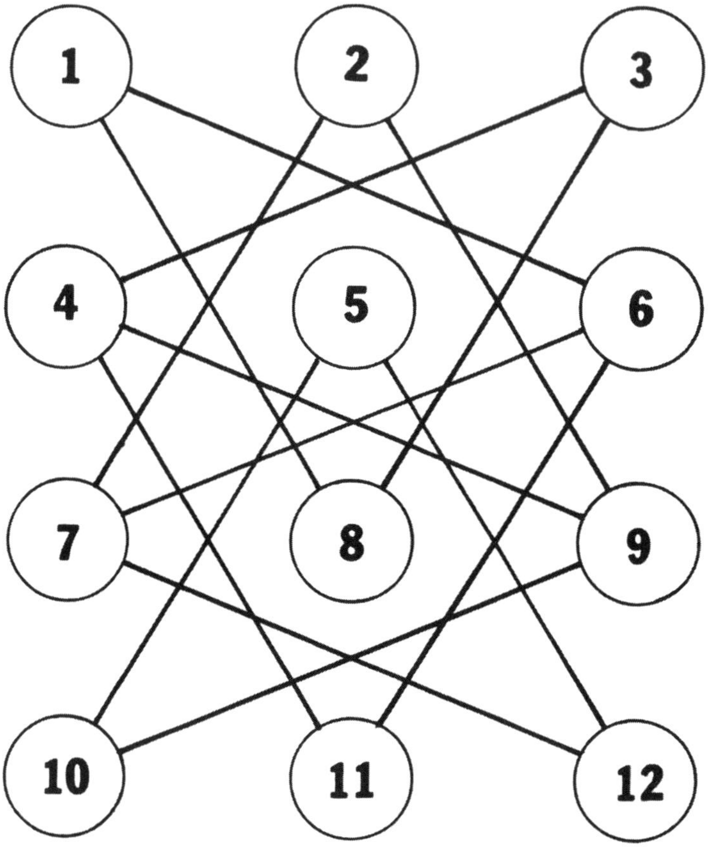

Este desafio é do tipo troca de lugar. Coloque três peças vermelhas nas posições 1, 2 e 3, e três peças pretas nas posições 10, 11 e 12. Com 22 movimentos, você deve mudar todas elas de lugar. Mova alternadamente uma peça por vez ao longo das linhas, de um círculo para o outro. Em nenhum momento, uma peça de uma cor pode estar no círculo que a peça de outra cor possa chegar no movimento seguinte. Cada círculo só pode ser ocupado por uma peça por vez.

As fichas de pôquer

Se as cartas estiverem contra você, proponha este quebra-cabeça para acalmar os ânimos. Desenhe um tabuleiro com 16 quadrados como o que se vê acima e coloque 10 fichas de pôquer em 10 quadrados, de maneira que possa formar o maior número de fileiras e cada fileira contenha um número par de fichas. As fileiras podem ser horizontais, verticais ou diagonais. Vamos ver como você sai dessa.

O quadrado

Este é o mágico da Sociedade dos Prestidigitadores, apresentando o seu famoso número dos Triângulos da Morte. Ele não tem medo das afiadíssimas lâminas de aço, as quais, como os demais acessórios usados em seu número, derivam de um enigma famoso. Se você cortar um desses cinco triângulos ao meio, as seis peças resultantes vão formar um quadrado perfeito. Quer tentar?

O que é, o que é

... QUE ACONTECE UMA VEZ EM UM SEGUNDO, UMA VEZ EM UM MINUTO, UMA VEZ EM UMA SEMANA, UMA VEZ EM UM ANO, MAS JAMAIS EM UM MÊS?
... QUE É BRANCO E PRETO E UM PROBLEMÃO DENTRO?
... QUE NINGUÉM QUER TER, MAS NINGUÉM GOSTA DE PERDER?

A pirâmide

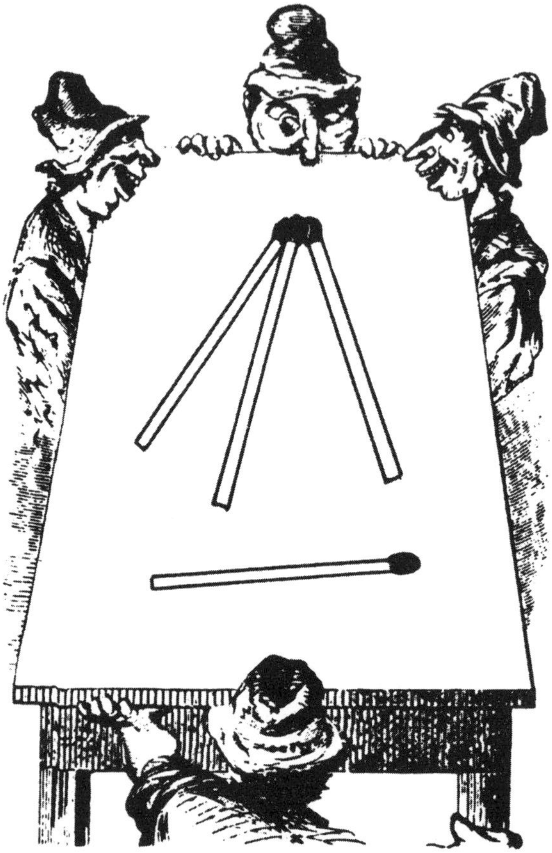

Este desafio é a prova de uma experiência de movimento. Você vai precisar de quatro palitos de fósforo. Pegue três deles e equilibre-os no formato de uma pirâmide, como mostra a figura acima. Agora dê o quarto palito para a sua vítima. Desafie-a a erguer os três palitos anteriores só com o quarto palito, levá-los para o outro lado da sala e colocá-los sobre outra mesa, sempre formando a pirâmide.

Esses amigos passaram a tarde tentando solucionar esse enigma.

A rolha

Uma rolha caiu dentro de um copo de água. Por mais estranho que pareça, a rolha não parou no centro do copo. Ao poucos, ela foi se aproximando da parede e lá ficou. Mas há uma maneira muito simples de fazer com que a rolha fique flutuando no centro do copo. (Fazer a água girar no copo não serve como resposta.)

O retângulo

O sr. Anselmo está quebrando a cabeça com o desafio do retângulo. Os doze pontos pretos acima têm exatamente a mesma distância um do outro. Quantos retângulos de tamanhos variados você consegue formar que tenham qualquer um desses pontos como vértices (lados)? Lembre-se de que o quadrado também pode ser considerado um retângulo.

A mala

Bertha e Reinhold formavam uma dupla de músicos muito estranha. Tocavam instrumentos chamados berthafones. Antes de começarem a tocar, Reinhold colocava uma velha mala sobre a mesa, mas um terço da mala ficava se equilibrando para fora da mesa. Eles, então, apresentavam uma seqüência de clássicos. Algum tempo depois, para surpresa de todos, a mala repentinamente se desequilibrava e caía no chão. E o concerto se encerrava. Dentro da mala não havia nenhum mecanismo de contagem do tempo. Você saberia dizer como os músicos marcavam o tempo de suas apresentações?

O alfabeto

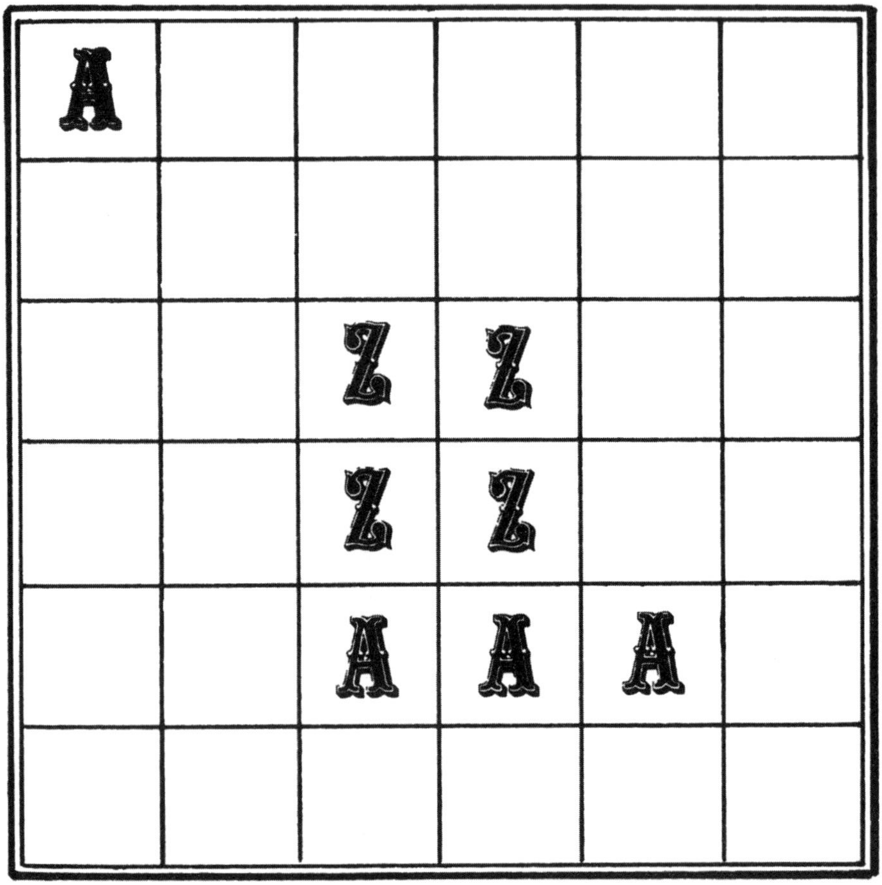

Agora é que nós vamos ver, senhores charadistas. Esta grade quadrada de 6 por 6 contém quatro letras A e quatro letras Z. Corte o tabuleiro em quatro partes, cada parte com o mesmo tamanho e formato, de modo que em cada uma delas fique uma letra A e uma letra Z. Os cortes devem ser feitos sobre as linhas da grade. Boa sorte! Você tem uma hora para resolver o problema.

A rede submarina

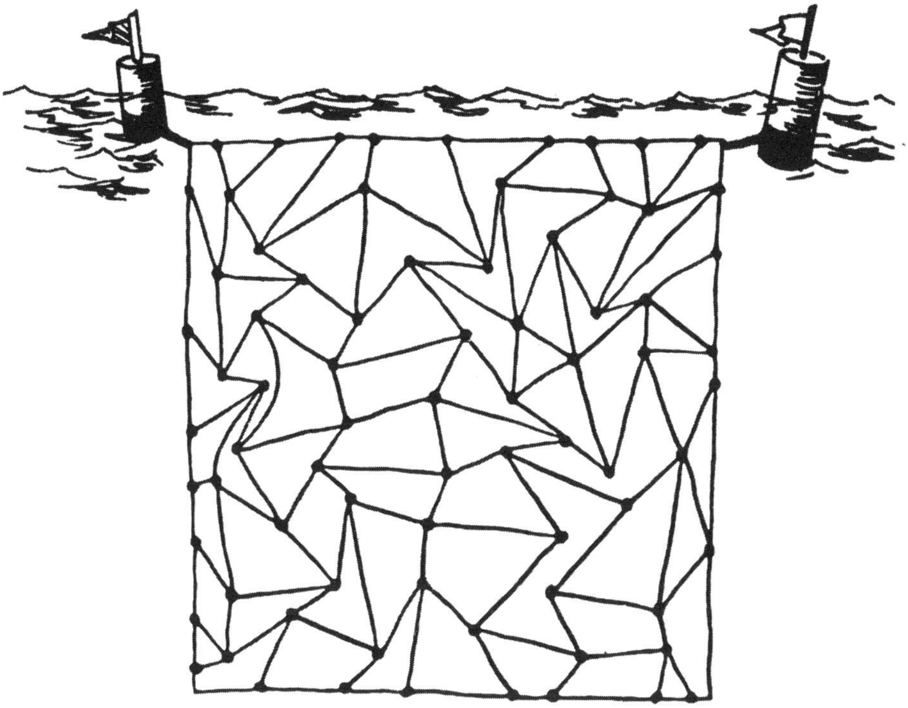

Esta rede submarina era usada no início do século 20 para combater outras embarcações submergíveis. Contra esse perigo, o francês Monsieur Gamonet inventou o seu famoso traje de mergulho. Usando esse traje, corte a rede em duas, de cima para baixo, com o menor número possível de tesouradas. Você não pode cortar sobre os nós. Vista-se e pode começar.

O testamento

Em tempos remotos, o testamento do conde de Eastwich foi bastante pitoresco. Você consegue dizer pelo poema o que foi que o conde deixou aos seus herdeiros?

A máquina fotográfica

Quando o vovô era jovem, ele ganhou de Natal uma nova câmera Kodak com disparador de diafragma. Era uma máquina muito especial. Ele contou as pessoas presentes e concluiu que, se tirasse quatro fotos de cada uma, iria precisar de outro rolo de filme, porque tiraria quatro fotos a mais do que as chapas que haviam no rolo de filme. Mas, se tirasse três fotos de cada parente, sobrariam doze chapas intactas no rolo. Quantos parentes o vovô queria fotografar e quantas fotos podiam ser tiradas com um rolo de filme? Resolva esta na velocidade de um *flash*.

Os palitos de dente

VI – IV = IX

O doutor Stall e o professor Quackenbush foram jantar no Toronto Inn e depois se distraíram tentando solucionar o desafio dos palitos de dente. O doutor Stall apresentou uma equação com numerais romanos. A equação está errada, mas ele insiste em dizer que, mudando a posição de apenas um palito, ela será corrigida. O professor Quackenbush não tem tanta certeza disso. E você, sabe que mudança deve ser feita?

As bolas de bilhar

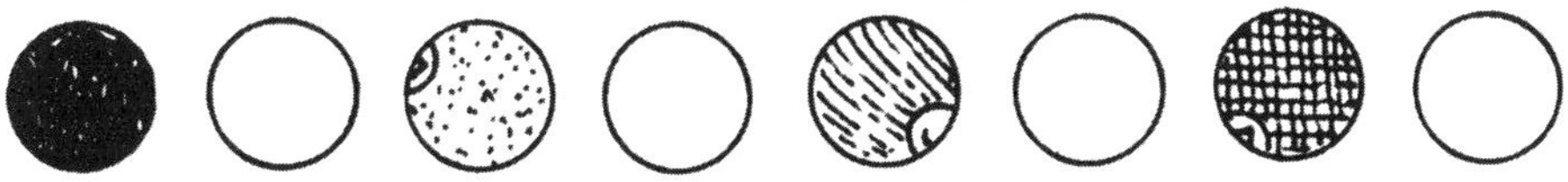

O dono de uma academia de bilhar conhece várias maneiras de aliviar o bolso de sua clientela. Uma delas é enfileirar oito bolas de bilhar, alternando uma colorida e uma branca. Ele aposta que, em quatro tacadas, você não consegue "matar" as quatro bolas brancas à esquerda e as quatro bolas coloridas à direita, em seqüência. A cada tacada, qualquer uma das duas bolas adjacentes tem de ficar numa nova posição na fileira. Vamos ver se você resolve esta antes que o dono dessa academia ganhe todas.

O cachorro de estimação

FIGURA 1

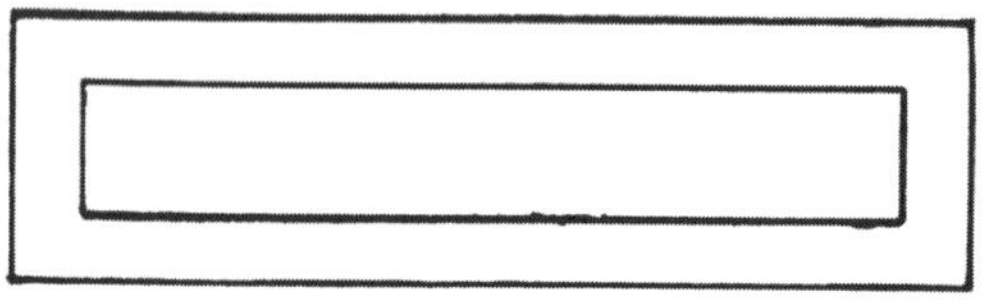

FIGURA 2

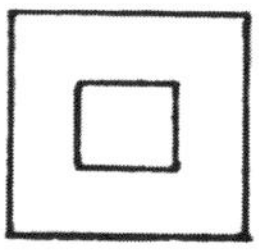

FIGURA 3

FIGURA 4

Na figura 1, temos um jogo de montar construído com três folhas de papel. Descubra como foram unidas, sem rasgar ou amassar nenhuma delas. Note que o cachorro passa pelos orifícios do papel maior e do papel menor. O orifício menor, entretanto, é muito pequeno para o cachorro passar. As três partes que compõem esse enigma são as figuras 2, 3 e 4. Veja se você consegue encontrar a resposta.

Os quebra-cabeças mais surpreendentes do mundo

O astrônomo

Willard, o caçador de estrelas, está checando a sua última descoberta. Ele encontrou um super-sistema solar com seis sóis girando em três órbitas que se sobrepõem. Willard quis batizá-los logo, antes que convergissem e formassem uma supernova. Ele enumerou os sóis de 1 a 6 e criou um enigma estelar. Você é capaz de enumerá-los de modo que a soma dos quatro sóis de uma órbita qualquer sempre dê 14? Este enigma implodirá em exatamente 10 minutos.

Abracadabra

O grande mágico nos trouxe do místico Oriente este famoso enigma da pirâmide Abracadabra. Começando pelo vértice da pirâmide, veja quantas vezes é possível soletrar *abracadabra,* a partir de *A* no alto da pirâmide e passando por todas as fileiras de letras, até chegar à base. À medida que você percorrer os onze degraus da pirâmide, poderá usar as duas letras imediatamente abaixo, do lado direito ou do esquerdo.

O jogo de bilhar

Estamos vendo um jogador prestes a encaçapar a bola vencedora de um campeonato de bilhar. Nas cinco vezes que ele pegou o taco, encaçapou um total de 100 bolas. Em cada jogada, ele encaçapava seis bolas a mais do que havia conseguido na jogada anterior. Você é capaz de prever sua vitória calculando quantas bolas ele "matou" em cada uma das cinco jogadas?

O deus egípcio

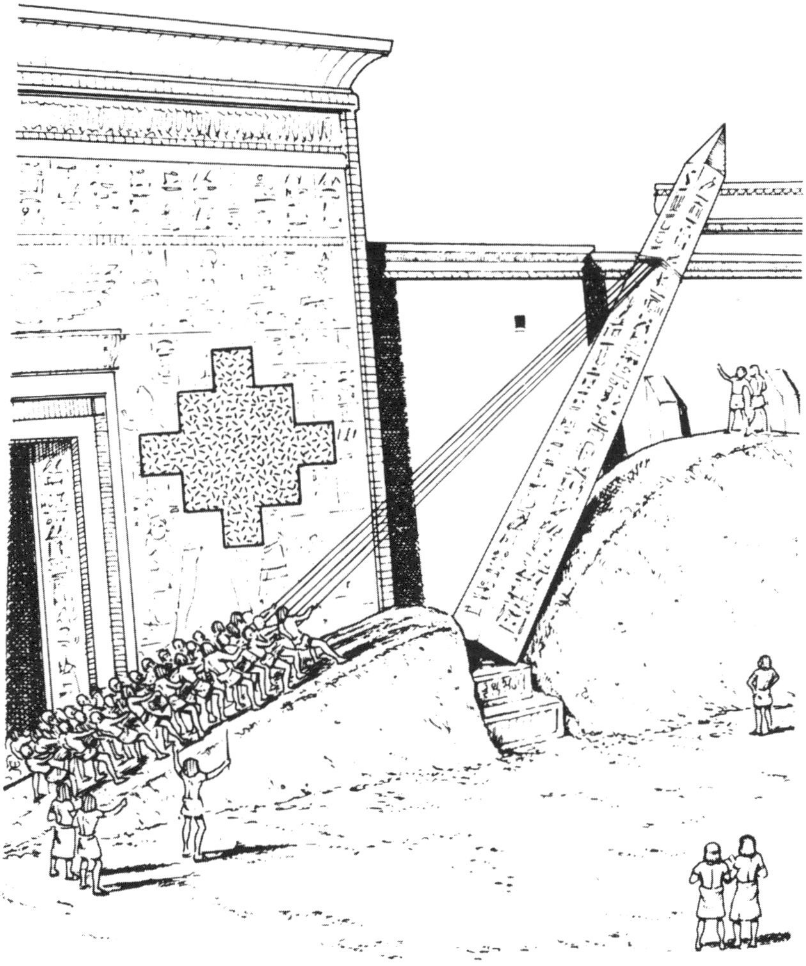

O ano é 1489 a.C. e o lugar, o novo templo do deus egípcio Stumpmost. O entalhe que você vê na frente do templo, ao lado da porta, é o primeiro quebra-cabeça do tipo "mudando a forma" de que se tem registro. O desafio é dividir a figura de 20 lados em quatro partes do mesmo tamanho e com o mesmo formato. As quatro partes juntas devem formar um quadrado perfeito.

A idade

Ned Nobre, o herói dos esportes, deve ter jogado mais na escola que qualquer outro aluno. No primeiro quarto de sua vida, jogou futebol. Na quinta parte seguinte, ele foi um calouro da faculdade. Na terça parte seguinte, ele foi segundanista e júnior. Nos últimos 13 anos, foi veterano, e então finalmente pendurou as chuteiras e se formou como o último da classe. Quantos anos tinha Ned quando recebeu o diploma?

Os sete estados

Os três vencedores do Clube dos Decifradores estão brindando a sua vitória na convenção anual. Para merecer o troféu, eles tiveram de decifrar os nomes de sete estados norte-americanos. Vamos ver se você também consegue decifrar as palavras embaralhadas que são apresentadas acima.

O gongo

Pobre soldado romano que caiu em mãos inimigas! Se ele não conseguir solucionar o mistério do gongo, será sacrificado. Será que você é capaz de dividir o gongo em mais de quatro partes traçando apenas duas linhas? Só não poderá sobrepor as partes ao fazer o segundo corte.

A matemática

A professora substituta, sra. Priscila, está de volta. Prestem atenção.

— Muito bem, meus alunos, já faz algumas semanas que estive aqui, e hoje quero lhes propor um desafio. Vocês devem dividir os oito números que estão escritos no quadro em dois grupos de quatro números cada um. A soma dos grupos deve ser exatamente a mesma. Quem não conseguir resolver este problema, vai lavar meu carro novo.

O contador de moedas

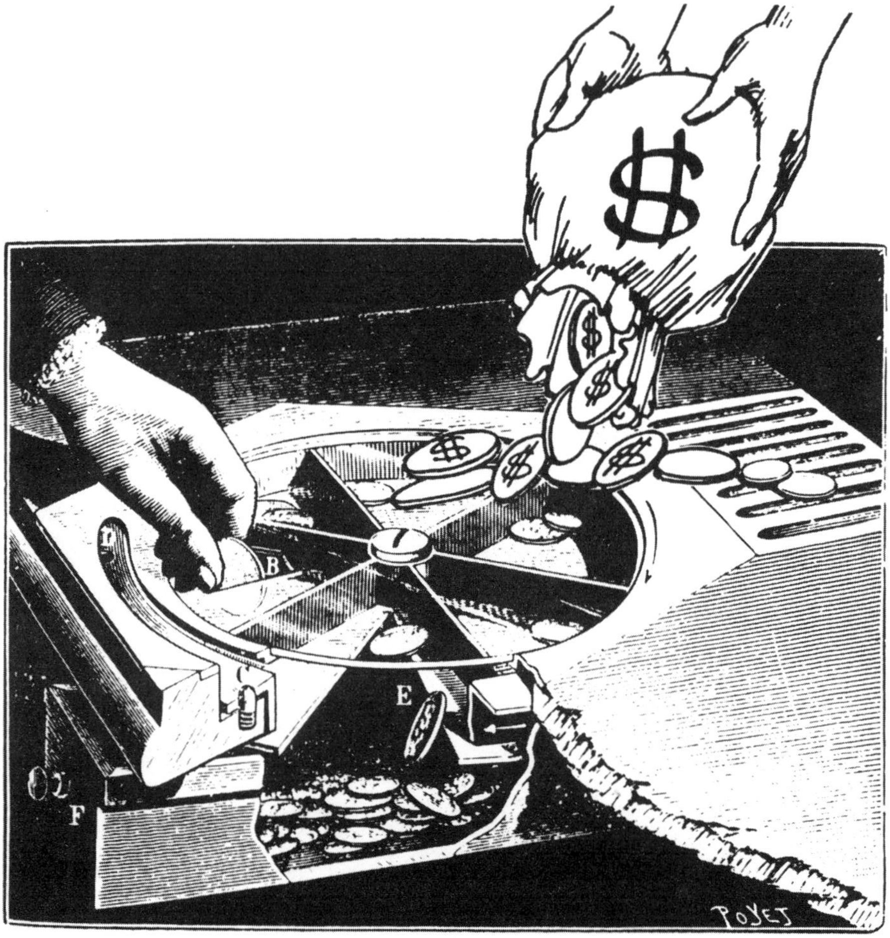

Vemos acima uma máquina de contar moedas usada por um banco. O sr. Pereira está testando-a com as 50 moedas que há dentro do saco. A soma de todas elas dá R$ 1,00. Quantas moedas de cada valor há no saco?

A loja de doces

PROCURA-SE CRIANÇAS PARA VENDER DOCES SEM SAIR DE CASA

FABRICAÇÃO PRÓPRIA

Crianças espertas, que gostam de ganhar dinheiro, estão faturando cerca de R$ 10,00 por dia em casa, depois das aulas. Cada uma delas é uma loja completa, com placa, propaganda etc., e mais de 450 artigos da Fábrica de Doces Maria-mole, que são vendidos a 1 centavo cada. O dinheiro investido dobra em poucos dias. E é bem divertido. Junte-se a nós. Para mais informações, escreva-nos para:

FÁBRICA DE DOCES MARIA-MOLE Estrada do Vai-e-vem, 70
Ribeirão Azul

Nos idos de 1930, os donos da fábrica de doces acima não perdiam tempo para vender suas mercadorias. O objetivo deles era eliminar o intermediário e vender diretamente ao consumidor. Vemos aqui a pequena Rosa pronta para gastar a sua semanada na loja de doces do Binho. Ela sairá de lá com 25 doces comprados a 25 centavos. São estes os preços que ela pagou:

Pé-de-moleque: 2 por 1 centavo;

Pirulito: 1 centavo;

Bala de goma: 2 por 5 centavos;

Gotas de chocolate: 5 centavos cada.

Você é capaz de calcular quantos doces de cada Rosa comprou e quantas vezes por ano ela vai ao dentista?

A pipa

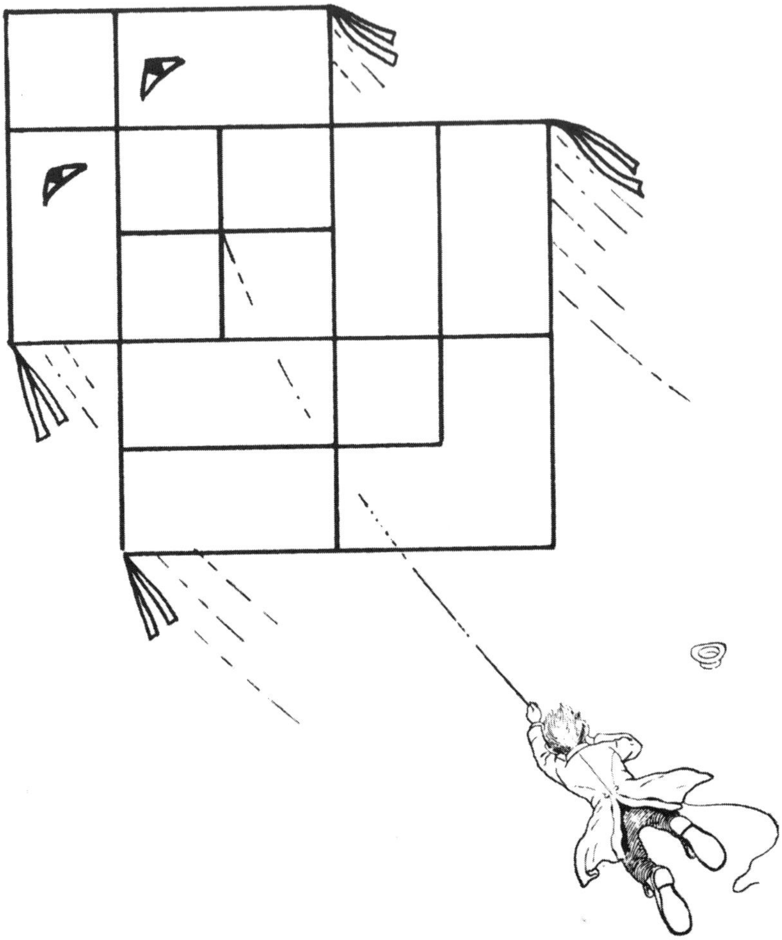

Calvin está com um problemão. Sua superpipa é capaz de levá-lo à Lua se ele não conseguir controlá-la. Além da aerodinâmica, a pipa também tem um quebra-cabeça. Suas varetas formam uma série de quadrados entrelaçados de tamanhos variados. Será que você consegue contar o número exato de quadrados, grandes e pequenos, que a pipa tem? Você tem 60 segundos para chegar a um resultado.

O canudo de refrigerante

Desta vez, o grandão Bentley veio com uma de queimar os miolos. Com 24 canudos, forme 9 quadrados como mostramos acima. Retire 4 canudos e sobrarão 5 quadrados. Disponha novamente os canudos e remova 6 para sobrar, outra vez, 5 quadrados. Por fim, disponha os canudos como estava anteriormente e remova 8 deles, deixando — se conseguir — 5 quadrados. Os lados do quadrado são formados por um canudo.

O Papai Noel

Antes de sair do pólo Norte, Papai Noel traçou um plano de vôo para a cidade de Vila Nova. Nessa cidade, há 64 residências, dispostas segundo o padrão acima. Papai Noel quer começar pela casa de Richard e terminar na casa de Paul. Entre uma e outra, ele vai seguir em linhas retas, se deslocando horizontal e verticalmente de uma casa para outra, sem voltar ou cruzar linhas já traçadas. Você consegue ajudar o Papai Noel a traçar um plano de vôo com apenas 21 linhas retas?

A caixa

Vemos aqui Herman Ganzer pilotando seu veículo movido a gás pela rede de água de Nova York, que tem mais de 100 anos de idade. Esperamos que ele consiga se deslocar antes que a água volte. Para o veículo sair da fábrica em Oriskay, foi preciso construir uma caixa especial. A caixa tinha 14 ângulos e 21 arestas. Você consegue calcular quantos lados tinha a caixa?

A máquina de adivinhação

Qual das palavras ao lado não combina com as demais? E por que não?

GANG
REGATA
CHARCOAL
EDUCADOR
TAXICAB
AKIMBO

Para entrar no Museu da Adivinhação, você tem de decifrar o bilhete enigmático da máquina.

O quadrado mágico

Billy, o gênio da adivinhação, está diante de seu maior desafio. A platéia costuma ajudá-lo nas suas apresentações. Recentemente, o presidente do Clube de Adivinhações o desafiou a resolver o problema do quadrado mágico em três minutos; se ele conseguisse, receberia um donativo de R$ 100,00 para o seu orfanato. Billy teria de organizar os números no quadrado de modo que dois números iguais não se repetissem em nenhuma fileira ou coluna. Os números também não podiam se repetir nas duas diagonais. Se a solução estivesse certa, a soma de cada fileira e de cada coluna seria 10. Billy resolveu o problema em exatos três minutos. E você, quanto tempo levará para resolvê-lo?

O passeio do cavaleiro

Peter, o Piedoso, está numa situação bem difícil. Ele precisa decifrar este enigma até o anoitecer ou enfrentará o dragão. O objetivo é mover um cavalo de xadrez da casa *S* para a casa *F*. Ele só pode usar os movimentos do cavalo. O cavalo deve parar uma vez em cada casa. O último movimento deve coincidir com a casa F.

A linha

Quando Barlow Wingate mudou-se para as montanhas, ele instalou uma antena de TV grande o suficiente para pegar os seus programas favoritos. Você é capaz de desenhar essa antena com uma linha contínua, sem cruzar em nenhum ponto nem passar por cima de nenhuma parte já desenhada?

A cruz

O sábio Merlin tem um problema interessante. Pegue cinco fileiras com cinco pontos cada uma. Agora, ligue esses pontos com uma linha contínua até formar uma cruz grega. Quando a cruz estiver completa, deve haver oito pontos fora da cruz e cinco pontos dentro. (Os braços da cruz grega são todos do mesmo tamanho.)

A corrida

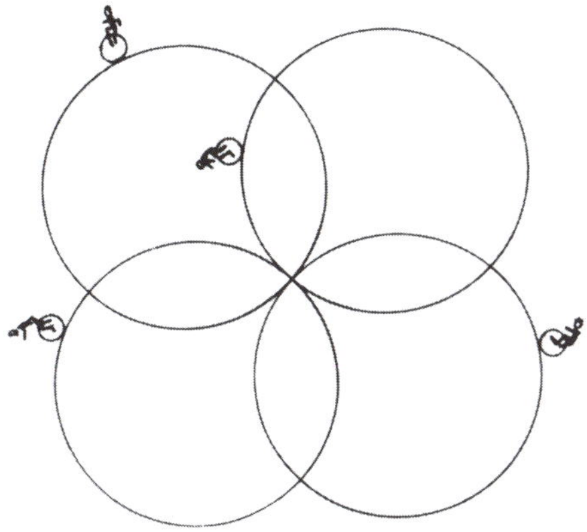

BARRY PARRY HARRY LARRY

Os famosos irmãos Fontana, os reis do uniciclo, treinavam diariamente em quatro pistas circulares cuja extensão era um terço de quilômetro. Ao meio-dia, os irmãos começavam a girar em círculo, do centro para fora. Eles rodavam em média 6 km, 9 km, 12 km e 15 km por hora, respectivamente. E continuavam rodando até se encontrarem pela quarta vez no centro dos círculos. Por quanto tempo eles rodavam?

O brinquedo de armar

A Feira de Charadas voltou à cidade, e todos os comerciantes decoraram suas vitrines com as charadas do concurso. Tilli Turner apresentou uma muito boa. Com um brinquedo de armar, ela montou uma pirâmide com nove triângulos do mesmo tamanho. Para vencer o concurso, você terá de remover quatro traves e ficar com cinco triângulos de mesmo tamanho. Quer tentar?

O ovo

Surpreenda seus amigos na próxima Páscoa com um problema extraordinário. Como a probabilidade de acidente é grande, você deve fazê-lo na cozinha. Desafie os presentes a equilibrar o ovo. Coloque um ovo, dois garfos, uma rolha e uma bengala sobre a mesa. Diga que você consegue equilibrar o ovo na ponta da bengala com a ajuda dos dois garfos e da rolha. Deixe os outros tentarem primeiro. Depois de limpar a sujeira, mostre a eles como se faz — mas primeiro recolha as apostas.

A serpente

O QUE ACHA DISSO, CÍNTIA? É UM BELO DESAFIO.
BEM INTERESSANTE. O QUE É PARA FAZER?
VOCÊ DEVE DESENHAR O MÁXIMO POSSÍVEL DA SERPENTE COM UMA LINHA CONTÍNUA. PODE COMEÇAR POR QUALQUER PONTO E TERMINAR ONDE QUISER, MAS NÃO PODE ERGUER O LÁPIS DO PAPEL, NEM CRUZAR OU PASSAR POR CIMA DE LINHAS JÁ DESENHADAS. É UM EXCELENTE DESAFIO QUE VALE O QUE COBRA.

O puxa-puxa

Os negócios estão indo muito bem na loja da sra. Jacque. E certamente o desafio que ela nos apresenta também é muito saboroso. Se você não comer puxa-puxa, distribua 21 tabletes em nove linhas retas, com cinco tabletes em cada fileira. É claro que cada tablete ocupará mais de uma linha.

A transposição

No painel acima, coloque uma moeda de 1 centavo nos quadrados 1, 2 e 3, e de 10 centavos nos quadrados 5, 6 e 7. Agora, troque as moedas de lugar. Para isso, você precisa mover uma moeda para um quadrado vazio adjacente ou saltar sobre outra moeda adjacente para o quadrado vazio mais próximo. Os movimentos podem ser horizontais ou verticais. Tente transpor as moedas em não mais que quinze movimentos.

O dominó

Este é um bom desafio que você pode propor quando jogar dominó. Construa uma torre com sete dominós como a que se vê acima. Agora, coloque uma peça de dominó na frente da torre e aposte que ninguém pode usar esse dominó para tirar a peça *A* da torre sem derrubá-la. Só a peça *B* pode encostar na torre. A resposta virá num estalar de dedos.

O executivo

Quando Percival perdeu seu emprego de alto executivo, achou que seria fácil encontrar outro. Mas levou um grande susto quando se candidatou para uma vaga de uma empresa de investimentos. Foi submetido a um teste de aptidão... e reprovado! Deram-lhe quatro quadrados e oito triângulos e pediram-lhe para formar um quadrado com essas peças em cinco minutos. Você passaria no teste?

O herói

Seja um herói e resolva esta.

Os besouros

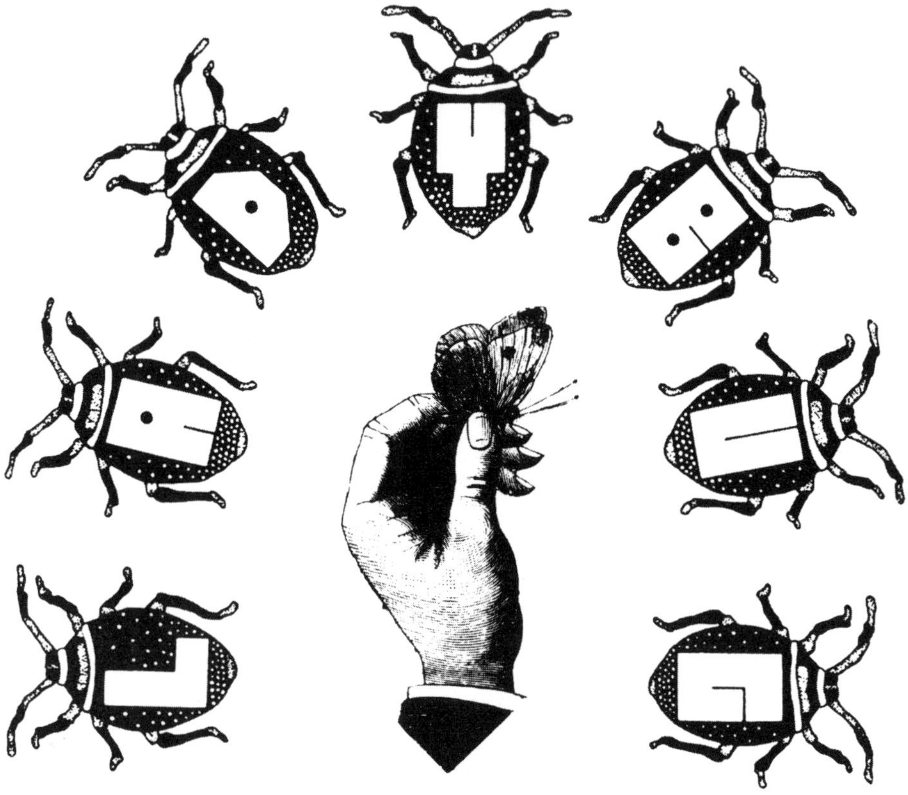

O número das borboletas terminou e chegou a hora dos Magníficos Besouros de Santini — o maior espetáculo de besouros em formação já apresentado. Num espaço de três minutos, sete besouros entrarão em fila e em seguida formarão todas as combinações possíveis das sete letras pintadas em suas cascas. Você é capaz de saber quantas combinações existem?

O esquiador

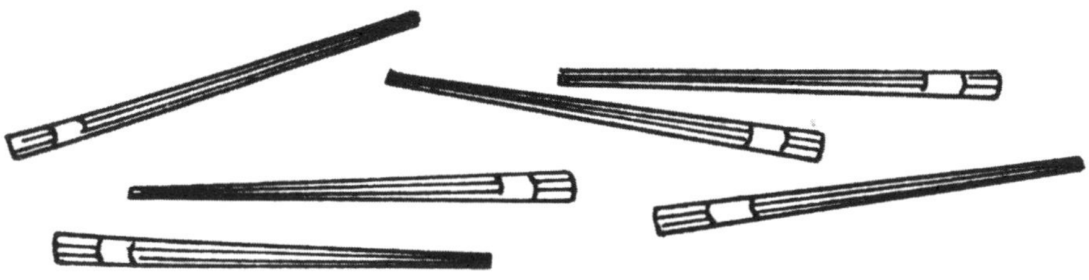

Ganhe um chocolate quente quando for esquiar. Aposte com seus amigos que eles não conseguirão formar oito triângulos perfeitos com os seis esquis acima. Se você não estiver nas montanhas, poderá desafiá-los com canudinhos de refrigerante.

A cerca

Carlos queria erguer uma nova cerca em sua propriedade. Essa parte do terreno que seria cercada media 99 metros de comprimento. Os mourões ficariam a uma distância de 3 metros um do outro, com três travessas entre cada par. Antônio tinha 33 mourões, 99 travessas e 99 metros de arame farpado. Onde foi que ele errou?

A festa

Nos velhos tempos, as festas de aniversário eram o programa preferido de todos. E certamente havia muitos jogos. Na figura acima, temos uma dessas famosas brincadeiras de festa. Coloque 12 pratos sobre a mesa e uma moeda em cada prato. Em seguida, pegue uma moeda em um dos pratos. No sentido anti-horário, salte duas moedas e coloque a sua moeda no próximo prato que tenha moeda. Repita, sempre no sentido anti-horário, a partir de qualquer prato que só tenha uma moeda. Não importa se as duas moedas que você saltou estejam em um ou em dois pratos. Seis rodadas depois, você deverá ter seis pratos vazios e seis pratos com duas moedas cada um. Após a sexta rodada, dê a volta na mesa até encontrar o prato em que você começou. O objetivo deste enigma é dar o menor número de voltas completas ao redor da mesa.

As baterias

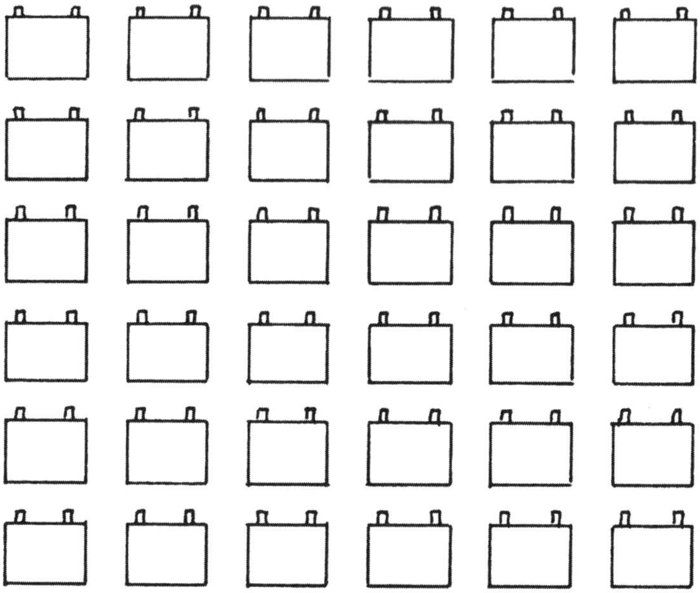

Elmer Lazlo, dono de uma loja de baterias, apresentou um desafio sobre o qual ainda se comenta. Ele formou um quadrado com 36 baterias no chão de sua loja e ofereceu duas semanas de férias com tudo pago em Aruba. O desafio: os concorrentes tinham de tirar seis baterias e deixar um número par de baterias em cada fileira, horizontal e vertical. Parece que Peter chegou à solução antes de você.

Os ursinhos de pelúcia

As três mulheres que vemos aqui montaram uma barraca de ursos de pelúcia na última quermesse da igreja. No começo do dia, venderam o mesmo número de ursos por R$ 10,00. À tarde, elas se reuniram para contar quantos ursos tinham vendido por R$ 10,00. O engraçado é que, no final do dia, embora tivessem vendido quantidades diferentes de ursos, elas tinham a mesma quantia em dinheiro. Como isso é possível?

O relógio

O grande relógio de Detroit causou sensação na Exposição do Século na Filadélfia, em 1876. Não só dava as horas em 13 cidades como marcava as estações e indicava as órbitas dos planetas ao redor do Sol. E ainda inspirou o seguinte problema: ao meio-dia, os ponteiros pequeno e grande do relógio se encontram. Quantas vezes isso acontece entre o meio-dia e a meia-noite?

O robô

O desafio do robô veio do mundo dos sonhos. As várias partes de Robbie estão numeradas de 1 a 12. Por razões desconhecidas, ele não poderá andar se os números não estiverem de tal modo distribuídos que somem 26 de sete maneiras diferentes. Isso incluiria as duas seqüências horizontais e as duas seqüências verticais — ou seja: os quatro números internos, os quatro números dos braços e, por fim, os dois números do pescoço e os dois das pernas. E lembre-se: não espere encontrar lógica num quebra-cabeça que veio de um sonho.

A tábua

João é carpinteiro e o melhor decifrador de charadas da cidade. Seu assistente mostrou-lhe uma tábua com três orifícios quadrados e desafiou-o a cortá-la em duas partes que pudessem ser unidas em uma sólida prancha retangular sem nenhum orifício. Onde os cortes devem ser feitos?

Biscoito para cachorro

Esses quatro cãozinhos estão tentando resolver o mistério do biscoito. Com certeza, eles comerão todos antes que algum deles encontre a solução. O desafio proposto é o seguinte: una nove biscoitos com quatro linhas retas, sem erguer o lápis do papel. Você terá de pensar um pouco.

O carrossel

Este enigma foi inspirado no carrossel de um velho parque de diversões. Coloque oito moedas, com a cara para cima, sobre os animais circulados na ilustração. Agora, tente virar para cima sete coroas com sete movimentos. Em cada movimento, comece a contagem pela moeda que está com a cara para cima. Conte quatro moedas e vire a quarta, com a coroa para cima. Conte todas, independentemente se estiver com a cara ou a coroa voltada para cima. Resolva em 10 minutos e ganhe um prêmio.

O bonde

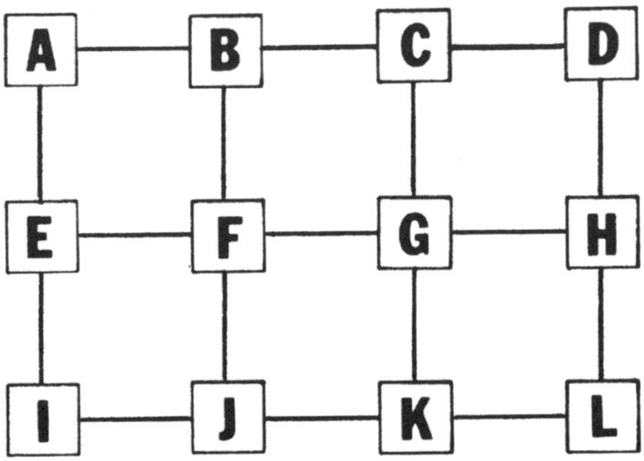

Um antigo bonde tinha 12 paradas interligadas por 17 linhas, a 1 km de distância uma da outra. O inspetor da linha tinha de checar as 17 linhas todos os dias. Para isso, precisava viajar em algumas linhas mais de uma vez. Você saberia dizer que roteiro o inspetor deveria fazer para percorrer a distância mais curta em suas inspeções diárias?

O vidro de perfume

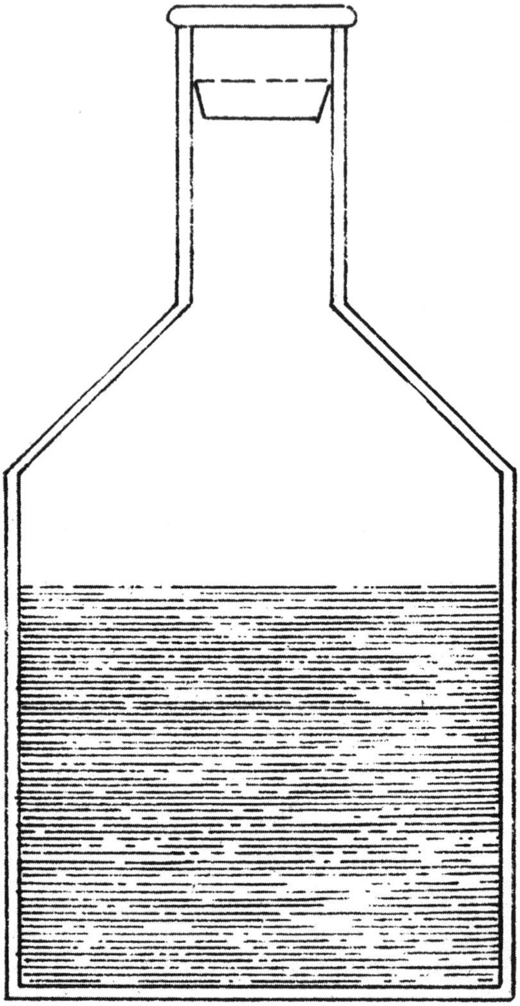

No desenho, vemos um vidro de perfume parcialmente vazio com um dosador no gargalo. Nós o desafiamos a calcular que porcentagem do vidro está cheia de líquido, sem levar em conta a área ocupada pelo dosador. Você pode usar uma régua, mas não pode tirar o dosador da garrafa. Você tem cinco minutos para resolver esta.

A progressão

Sidney ainda tem muito que aprender em termos de romance. Veja se consegue resolver o problema antes que ele volte da loja de doces.

O concurso

O Banco Vitalício está promovendo o seu concurso anual de adivinhações, e o primeiro prêmio é uma coisa do outro mundo. Uma dica para ajudá-lo na disputa: encontre o menor número de moedas que, divididas por 2, 3, 4, 5, 6, 7, 8, 9 e 10, sempre sobre 1.

O jogo de cartas

Vemos aqui o professor Pepe apresentando seu famoso número de adivinhação. Ele pôs três cartas, uma ao lado da outra, com as figuras viradas para baixo. As pistas para identificá-las são: há um 2 à direita de um rei (mas não exatamente ao lado dele); há uma carta de ouros à esquerda da carta de espadas; há um ás à esquerda da carta de copas; e por fim a carta de copas está à esquerda da carta de espadas. Agora você pode identificar cada uma das cartas com facilidade.

Os barbeiros

Uma pequena cidade no interior da França tinha dois barbeiros, Henri e Pierre. Henri era um sujeito caprichoso, sua loja era muito limpa e bem arrumada. Já a loja de Pierre era suja, as cadeiras viviam quebradas e Pierre tinha sempre a barba por fazer e o cabelo mal cortado. Henri dizia que preferia cortar o cabelo de dois alemães do que de um americano. Você sabe por quê? Uma outra pergunta: se você fosse a essa cidade, onde você entraria para cortar o cabelo?

Os quebra-cabeças mais curiosos do mundo

O número

Para resolver esta charada, distribua os quatro números "cinco" que aparecem acima de modo que seu valor coletivo seja igual a 56.

O enfeite de Natal

O velho Papai Noel tem um enigma interessante para lhe propor. Depois de prender o enfeite na ponta de um barbante de 108 cm, ele amarrou a outra ponta num galho do pinheiro.

Você ganhará presentes em dobro se conseguir cortar este barbante bem ao meio, sem deixar o enfeite cair no chão. Lembre-se que, depois de cortar o barbante, você não pode mais encostar nele nem no enfeite.

O que você quer apostar?

O baralho

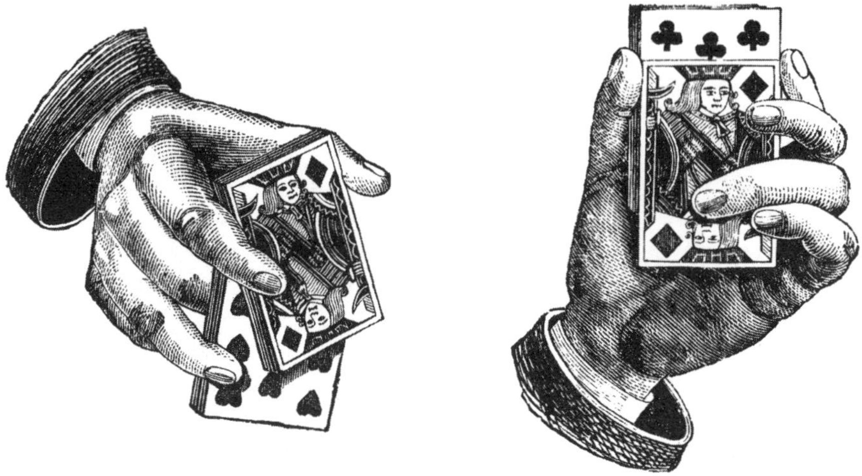

Não é preciso ser mágico para resolver este desafio, mas seus amigos não pensarão assim. Apenas diga a eles que este enigma é baseado em cálculo instantâneo. Retire todas as figuras e todos os números 10 do baralho, pegue as cartas restantes e divida-as em três pilhas sobre a mesa. Explique aos seus amigos que cada grupo de três cartas forma um número de três dígitos, que pode ser dividido por 11 sem deixar resto. Forme esses números de três dígitos o mais rápido que puder.

No exemplo acima, temos representado o número 231, que, dividido por 11, tem como resultado exatamente 21. Como se deu essa maravilha?

A cruz

O reverendo I. N. Spirado está vivendo um dilema espiritual. Ontem à noite, durante uma violenta tempestade, o vento arrancou a cruz do alto da torre; ela caiu rodopiando até o chão e quebrou-se em cinco pedaços. O assistente do reverendo prometeu que emendaria a cruz e a colocaria de volta no seu lugar de honra se soubesse como encaixar os pedaços. Ele precisa de inspiração. Você pode ajudá-lo a solucionar este mistério?

A pesquisa de mercado

Ao que parece, as Pesquisas Sylvester estão fazendo muito sucesso. Só não pergunte a eles sobre a pesquisa da mostarda. A empresa foi contratada pela Companhia de Mostardas Volcano que queria saber quantas pessoas gostavam de mostarda forte e quantas preferiam as mais suaves. Eis o resultado apresentado:

Número de entrevistados	303
Consumidores de mostarda forte	234
Consumidores de mostarda suave	213
Consumidores que usam mostarda forte e suave	144
Consumidores que nunca usaram mostarda	0

Quando a Volcano viu os resultados, imediatamente dispensou os serviços das Pesquisas Sylvester por cometer erros grosseiros. Você consegue apontar que erros são esses?

Água e vinho

O sr. Percy, famoso charadista, está exausto de tanto pensar no velho enigma da água e do vinho, que consiste no seguinte: temos duas taças cheias com a mesma quantidade de líquido. Uma delas contém água; a outra, vinho. Primeiro, encha uma colher de água da taça e despeje na taça de vinho. Mexa bem para misturá-los. Agora, encha uma colher de água e vinho misturados e despeje de novo na taça com água.

A pergunta é: há mais ou menos vinho na taça de água do que na de vinho?

A prancheta mediúnica

Não é preciso ser clarividente para resolver este desafio, embora isso ajudasse muito. Paulo e Vivian fizeram contato com o que parece ser o espírito de um peixe de briga siamês. Não se sabe como fizeram isso, mas se sabe que a prancheta mediúnica fez o desenho com uma linha única, sem tirar o lápis do papel e sem cruzar a linha em nenhum ponto. Você consegue fazer esse desenho antes de voltar ao mundo dos vivos?

Os quadrados indianos

O príncipe indiano está indo para um encontro de charadistas. Na manta que há sobre o elefante real, ele gravou a sua contribuição aos colegas. Para resolver este enigma, você precisa determinar quantos quadrados, pequenos e grandes, há no desenho. Você tem cinco minutos até a caravana passar.

A lata de chocolate em pó

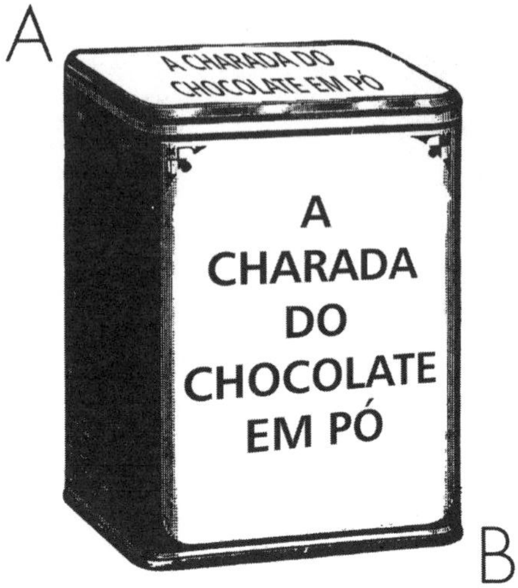

Neste saboroso problema, você tem uma lata cheia de chocolate em pó e uma régua de 30 cm. O desafio é medir o interior da lata, sem abri-la, para saber quanto mede a sua maior diagonal.

Por exemplo, você pode traçar uma linha do canto inferior direito da caixa (B) ao canto superior esquerdo (A). Há quatro linhas iguais no interior da lata. Desconsidere a espessura das paredes laterais, da tampa e do fundo. A sua medida final deve corresponder a um quarto de polegada do comprimento real. Você pode resolver o problema através da matemática, mas há um método mais fácil que consiste em medir apenas com a régua. É esse o método que nos interessa.

Nós excluímos do problema as dimensões porque a resposta independe delas. Você se acha capaz de dar uma solução rápida para este interessante desafio?

As pedras de dama

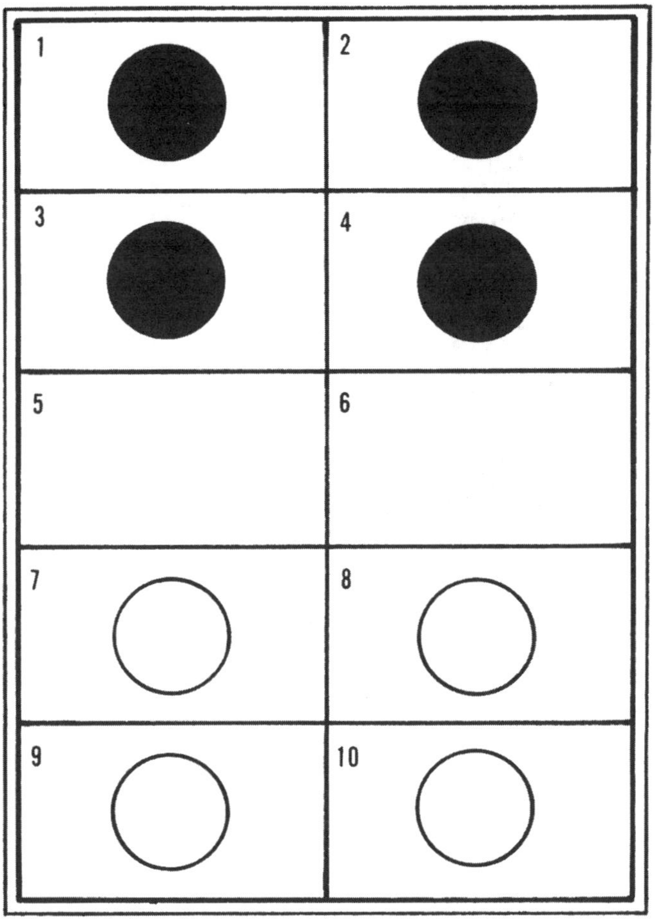

Para este quebra-cabeça, precisaremos de quatro peças pretas e quatro brancas dispostas no tabuleiro, como você vê acima. O seu desafio é mudá-las de lugar em apenas dez movimentos. As regras são simples. As pedras pretas andam para baixo e as brancas, para cima. Todas elas avançam para um quadrado vazio ou saltam uma ou duas peças para um quadrado vazio. Você tem 10 minutos para resolver este caso.

A banheira

O professor Willard fez as seguintes observações a respeito do aquecedor de gás vitoriano, no banheiro do segundo andar da pensão onde mora: você pode encher a banheira com água fria em 6 minutos e 40 segundos, mas leva exatamente 8 minutos para enchê-la com água quente. Com a banheira cheia, se você destampar o ralo levará 13 minutos e 20 segundos para a água escorrer completamente.

Este é o desafio do professor: se você destampar o ralo e deixar abertas as torneiras de água quente e de água fria, quanto tempo levará para encher a banheira? Cuidado para não se molhar.

O toque

Depois de tanto quebrar a cabeça, só mágica pode ajudar a resolver este desafio. Disponha as cinco medalhas acima de tal modo que cada uma encoste em todas as outras. Se você não tiver medalhas, pode usar moedas de 25 centavos. Nosso coelhinho curioso acha que 10 minutos bastam para resolver este desafio.

A matemática

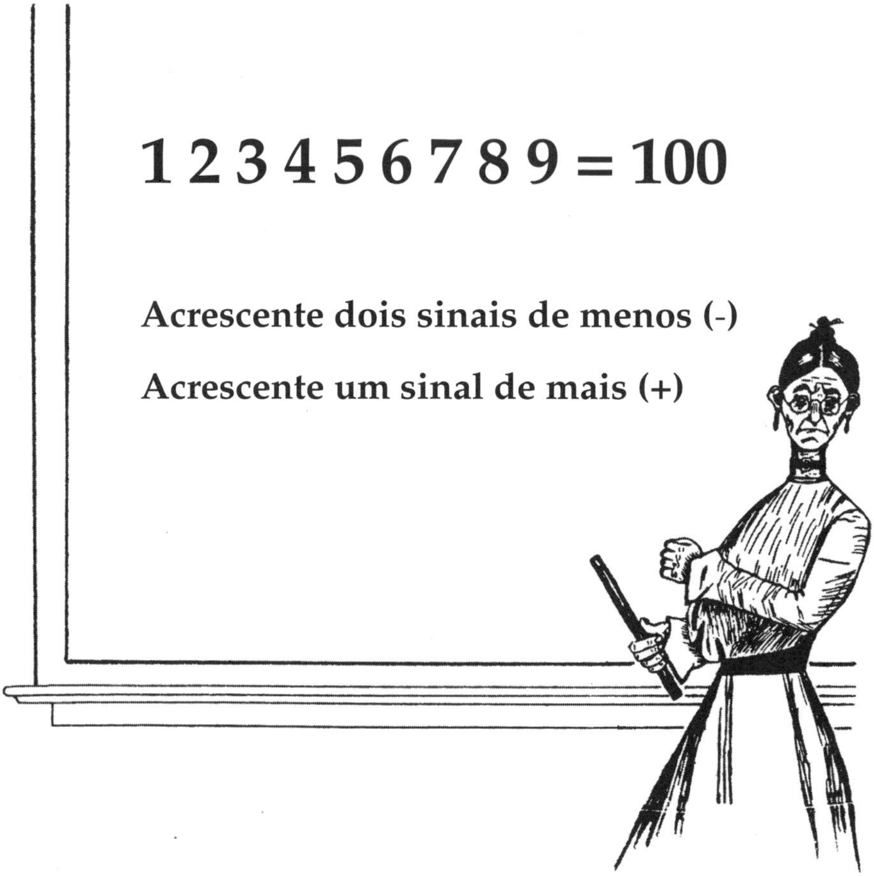

Priscila, a professora substituta, está de volta com seu talento matemático.

— Muito bem, meus alunos, prestem atenção! O problema que está no quadro está errado. Entretanto, se vocês colocarem dois sinais de menos (-) e um sinal de mais (+) entre alguns números à esquerda da equação, formarão uma expressão matemática correta com resultado igual a 100. Vocês têm até o final da aula para descobrir onde colocar esses sinais.

O quadrado mágico

O nosso famoso computador enigmático deve ter sido atacado por um novo tipo de vírus. O programa deveria gerar um quadrado mágico cuja soma de seus números seria seis nas direções horizontal, vertical e diagonal. Mas a tela mostrou o que se vê acima. Você é capaz de mudar a posição dos números na tela para formar o quadrado mágico?

A escultura

— Essa escultura que você pôs no seu jardim é um novo quebra-cabeça. Qual é o desafio?

— Trata-se de uma criação original de Oliver. Para solucionar o enigma, você terá de descobrir onde Oliver soldaria três barras, cada uma atravessando uma única vez os quadrados que formam a escultura. Você tem até a hora do chá para me responder.

Os portos

1. GLSOLESANE
2. SODNLER
3. IEDERIJOONAR
4. SAILOB
5. LHANCTORSE
6. LMRSHAEA
7. BONRGTEAEDÍMNEAO
8. DVNUMIOETÉ
9. SRETB
10. NDNGELRIAO

O velho lobo-do-mar esteve em muitos portos ao longo de seus cinqüenta anos como marujo. Na sua simpática cabana, ele desafia você a desembaralhar os nomes de dez portos em que ele esteve ao redor do mundo. Dê a resposta antes de o sino soar a quarta badalada.

Tiro ao alvo

Num concurso que houve há pouco tempo, Barney, o campeão de tiro da cidade, disputou um prêmio. Por R$ 10,00, cada um tinha direito a três tiros; e se derrubasse três pássaros, cujos números somados davam exatamente 50, ganharia um crocodilo empalhado. Quer tentar enquanto Barney providencia o dinheiro?

O zoológico

Walter é o responsável pelo zoológico e está com problemas para confinar um grupo de animais. Digamos que o leão não queira mais dividir a mesma jaula com o carneiro. Assim, Walter agrupou nove animais e confinou-os em um cercado quadrado. Depois de um tempo, os leões começaram a perturbar os camelos, e os elefantes a provocar os leões. Ninguém estava feliz. Walter decidiu que chegara a hora de cada animal ter seu próprio cercado. Para fazer isso, ele construiu mais dois cercados quadrados dentro do primeiro cercado original. Isso criou nove cercados isolados. Você sabe onde ele colocou as cercas?

O relógio

Mesmo que não chova, vive pingando na cabeça do bom reverendo I. N. Spirado. Como se não bastasse perder a cruz da torre numa tempestade monumental, o relógio se partiu em quatro ao ser atingido por um galho. Quando o reverendo foi examinar os danos, notou algo extraordinário. Os numerais romanos em cada parte somavam, independentemente, sempre 20. Você saberia dizer como isso aconteceu?

O peixe grande

Este pescador terá uma história e tanto para contar a seus amigos quando voltar para casa. Suas preces foram atendidas depois que um monstro passou por ele. De que tamanho era o peixe? Bem, o máximo que o pescador conseguiu dizer é que a cabeça tinha 18 metros de comprimento, o rabo era do mesmo tamanho da cabeça mais a metade do corpo, e o corpo media a metade do comprimento. Quanto você acha que media esse monstro das profundezas?

O estado

ESTAMOS VIAJANDO PELO BRASIL HÁ DOIS DIAS. SOBRE QUE ESTADO ESTAMOS PASSANDO?
ESSA É FÁCIL, WAGNER. É O ÚNICO ESTADO CUJO NOME COMEÇA E TERMINA COM UMA VOGAL E TEM TODAS AS VOGAIS IGUAIS. VOCÊ TEM DEZ MINUTOS PARA ME RESPONDER, ANTES DE ATERRISSARMOS.

Os dados

Vamos precisar de três dados para este desafio. Coloque um dado sobre a mesa e segure os outros dois entre o polegar e o indicador. Aposte com as pessoas presentes que elas não conseguem colocar os dois dados, um ao lado do outro, sobre o dado que está sobre a mesa, no ângulo mostrado na figura acima. Nem é preciso dizer que ninguém vai conseguir. Quando todos aceitarem a derrota, pegue os dados e equilibre-os sem hesitar. Mas o problema continua sendo: como você vai fazer isso?

As compras

Laura adora fazer compras. Quando fica sabendo de uma liquidação, corre para aproveitar as ofertas. Desta vez, o total de suas compras chegou a R$ 103,00. Para pagar, Laura tirou da bolsa oito notas que totalizavam exatamente R$ 103,00. Estranho é que nenhuma delas era de R$ 1,00. Que notas ela usou para pagar a conta?

O aperto de mão

Outra festa de entrega de diplomas na Escola do Papai Noel. Este ano, oito novos papais noéis estão prontos para assumir suas obrigações nas lojas de todo o país. Preparando-se para partir, cada um aperta a mão de todos os outros. E isso nos leva a perguntar: quantos apertos de mão foram dados?

Questão de lógica

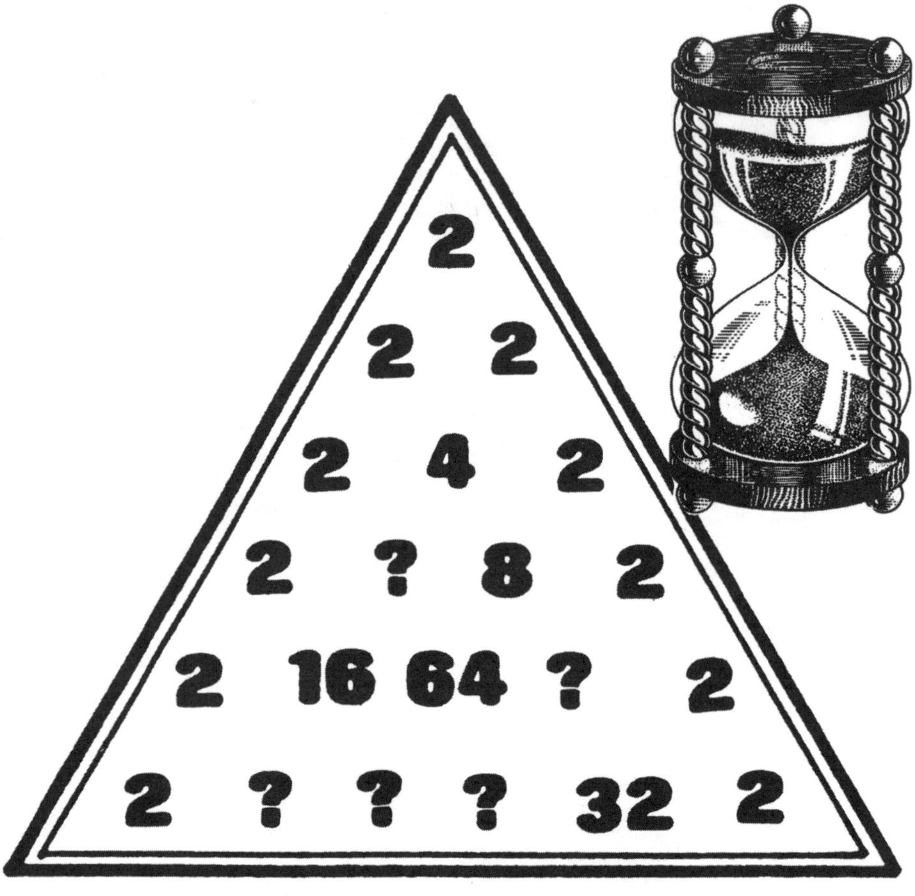

Você vai precisar de todos os poderes da pirâmide para resolver este probleminha de lógica. Os números do triângulo acima seguem um certo padrão. Se você conseguir identificá-lo, poderá calcular os números que deverão substituir os cinco pontos de interrogação no interior do triângulo. A areia da ampulheta marcará o tempo que você tem para encontrar a resposta.

A coroa

Temos aqui um guarda em posição de sentido protegendo as jóias da coroa inglesa. Esse atento rapaz passa horas vigiando a maior coleção de jóias do mundo. Enquanto admirava uma vitrine com 12 coroas, Harold teve uma inspiração. Seria possível interligar essas 12 coroas com 5 linhas retas? É claro que cada linha deve começar no final da linha anterior. Após dez minutos pensando, Harold obteve a resposta. Resolva esta e você será coroado o príncipe das charadas!

O garçom

Charles era o mais rápido e mais descuidado garçom do restaurante em que trabalhava. Ele derrubava mais refeições do que Hugo, o Furacão. Um dia, um freguês perdeu a paciência e deixou uma moeda de um centavo para Charles com um bilhete: "Você destruiu o meu terno e eu lhe deixo uma gorjeta de um centavo. Se você conseguir tirar a moeda do prato sem encostar na mesa, no prato e na moeda, ganhará R$ 25,00." Charles nunca resolveu esse problema. Você consegue?

A mente

Mais uma vez o mago da mente lê os seus pensamentos. Veja o que ele faz. Peça a alguém para escrever um número com três algarismos diferentes. Em seguida, peça-lhe para inverter o número e subtrair o número menor do número maior. Por fim, pergunte qual é o último dígito da subtração. No exemplo acima, seria 8. Com essas informações, você poderá dizer a essa pessoa qual é o número completo. Tente descobrir como o mago faz isso, antes de olhar a resposta.

H_2O

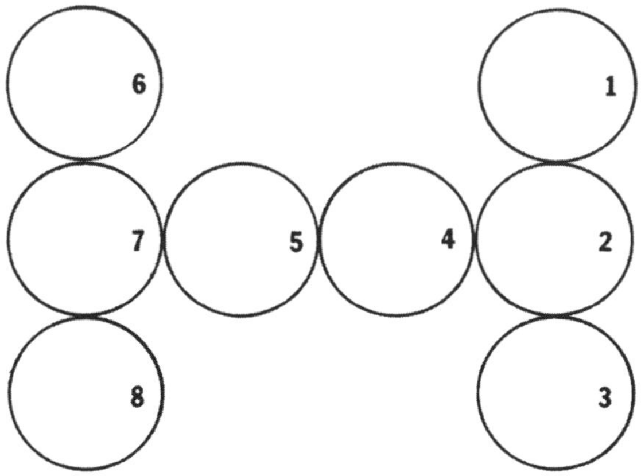

Fig. 1

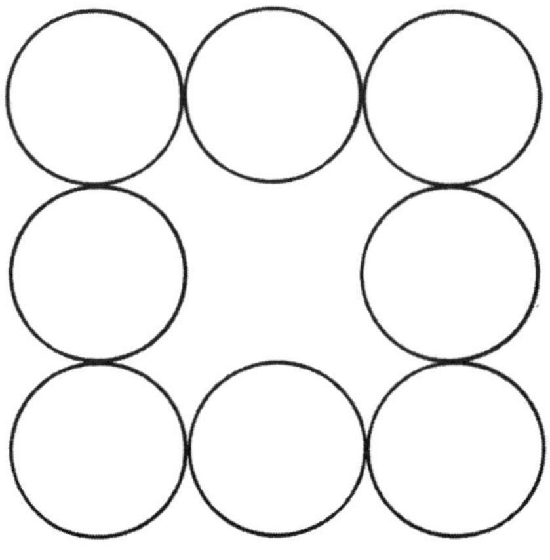

Fig. 2

Este é um daqueles deliciosos problemas de troca de moedas. Você tem de transformar o *H* da figura 1 no *O* da figura 2 com apenas cinco movimentos. Um movimento consiste em deslizar uma moeda por vez para uma nova posição, sem mexer qualquer uma das outras moedas. Quando a moeda estiver na nova posição, deverá encostar em outras duas moedas. Não vá suar muito para resolver este quebra-cabeça.

Troca-troca

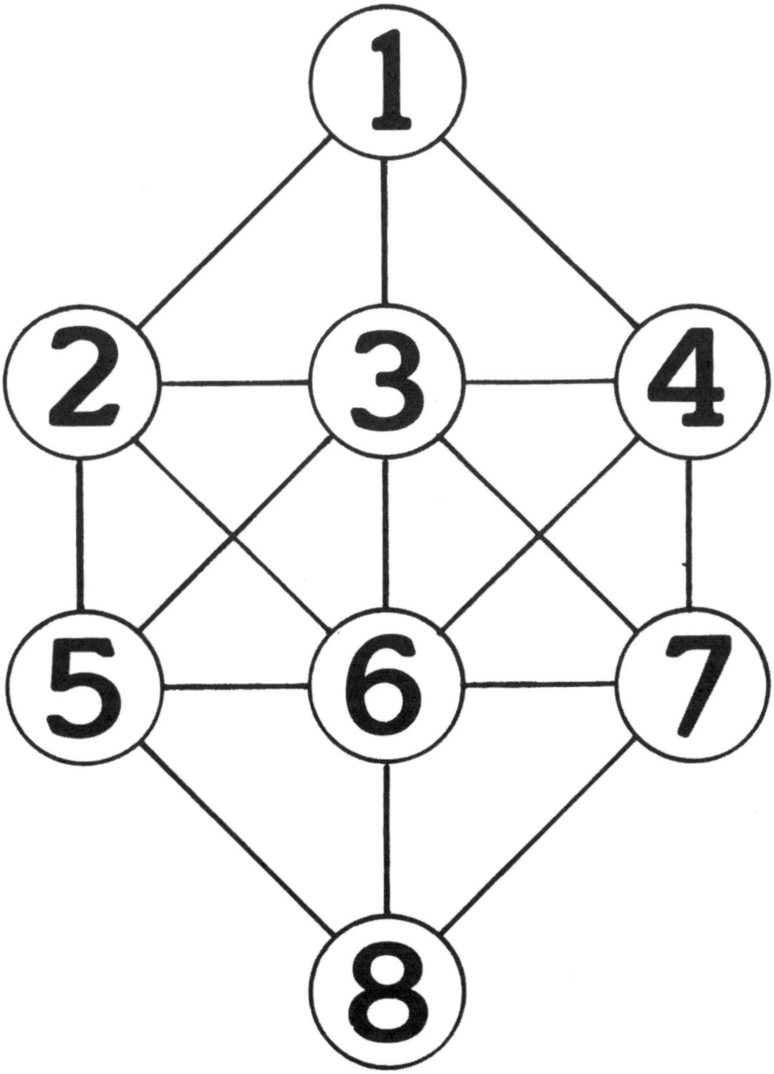

Este probleminha é um desafio à sua habilidade. Os círculos interligados acima são numerados de 1 a 8. O seu problema é trocar os números de círculo de modo que dois números consecutivos não fiquem ligados por nenhuma linha.

A propriedade

Sidney, o construtor, dividiu um terreno de 32 hectares em oito lotes e construiu uma casa em cada um. Os lotes tinham todos o mesmo tamanho e a mesma forma. O problema de Sidney é que alguém roubou os marcos divisórios dos lotes e as plantas do terreno desapareceram. Ele desconfia de uma brincadeira de mau gosto. Você pode ajudá-lo a redefinir as divisas originais de cada lote? (Os *H* indicam onde cada casa foi construída.)

O peso

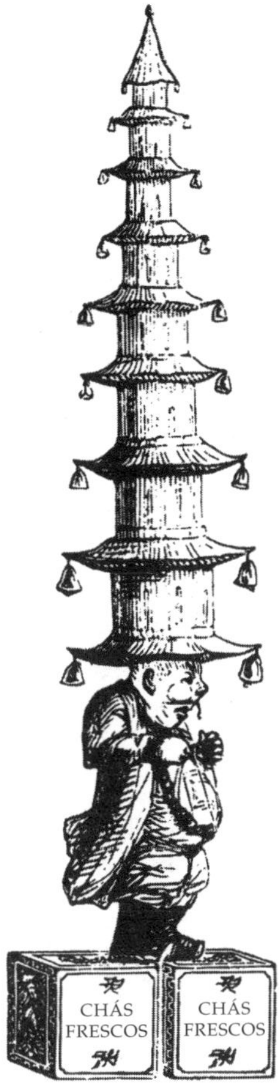

Vemos aqui o famoso comerciante de chás de Chinatown, Hi Hon Hui. Ele está tentando dividir 1 kg de chá em 10 envelopes de 100 g, usando uma balança comum. Só havia dois pesos em sua loja: um de 250 g e o outro de 450 g. Ele sabe que isso pode ser feito em apenas nove pesagens, mas se esqueceu de como se faz essas pesagens. O que acha de ajudá-lo a resolver o problema, antes que os fregueses comecem a chegar?

O quadrado místico

<table>
<tr><td>1</td><td>2</td><td>3</td></tr>
<tr><td>10</td><td>11</td><td>12</td></tr>
<tr><td>19</td><td>20</td><td>21</td></tr>
</table>

Temos aqui mais um quadrado místico. O que você precisa fazer é reorganizar os nove números do quadrado acima de modo que todas as linhas horizontais, verticais e diagonais somem 33. Você tem 5 minutos para encontrar a resposta.

O trem

Quando Peter Cooper construiu sua famosa locomotiva, havia no país apenas 30 km de estrada de ferro. Perto de Baltimore, existia uma pequena e divertida passagem de nível que causava muita confusão. No diagrama acima, *T* é a locomotiva e *A* e *B* são dois vagões na passagem de nível. A largura de *C* é suficiente para passar um vagão ou a locomotiva. O desafio é trocar os vagões *A* e *B* de lugar e devolver a locomotiva ao ponto de que ela partiu, com o menor número possível de movimentos.

Os misturadores

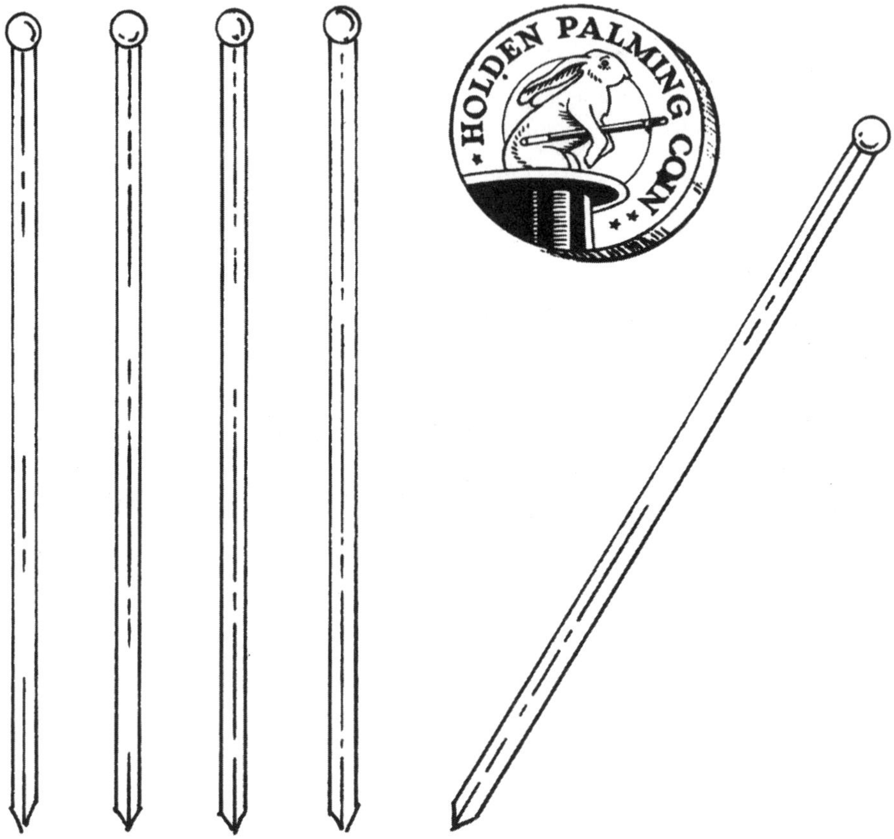

Desafie os seus amigos da próxima vez que forem juntos à lanchonete. Coloque quatro misturadores de plástico e uma moeda sobre a mesa. Aposte que ninguém consegue erguê-los de uma só vez, usando apenas um quinto misturador. O desafio é: depois de ter conseguido erguê-los da mesa, a pessoa tem de tirar o misturador que usou para erguer sem que os outros misturadores e a moeda caiam. Levite nesta por algum tempo.

O tempo

O rapaz que vemos na ilustração sonhou a noite inteira com a charada que lhe propuseram no trabalho e ele não conseguiu resolver. Uma mulher tinha dois relógios em casa. Um deles não trabalhava bem e o outro atrasava uma hora por dia. Qual dos dois relógios marcará a hora certa mais vezes em uma semana? Por favor, encontre logo a solução para que o pobre homem possa dormir um pouco.

A torta

ano-novo, vida nova

Nada melhor que o bom desafio da torta para o próximo dia de Ano-novo. Você saberia dizer qual é o maior número de pedaços, de tamanhos variados, que se obteria cortando essa torta com quatro cortes?

O dominó

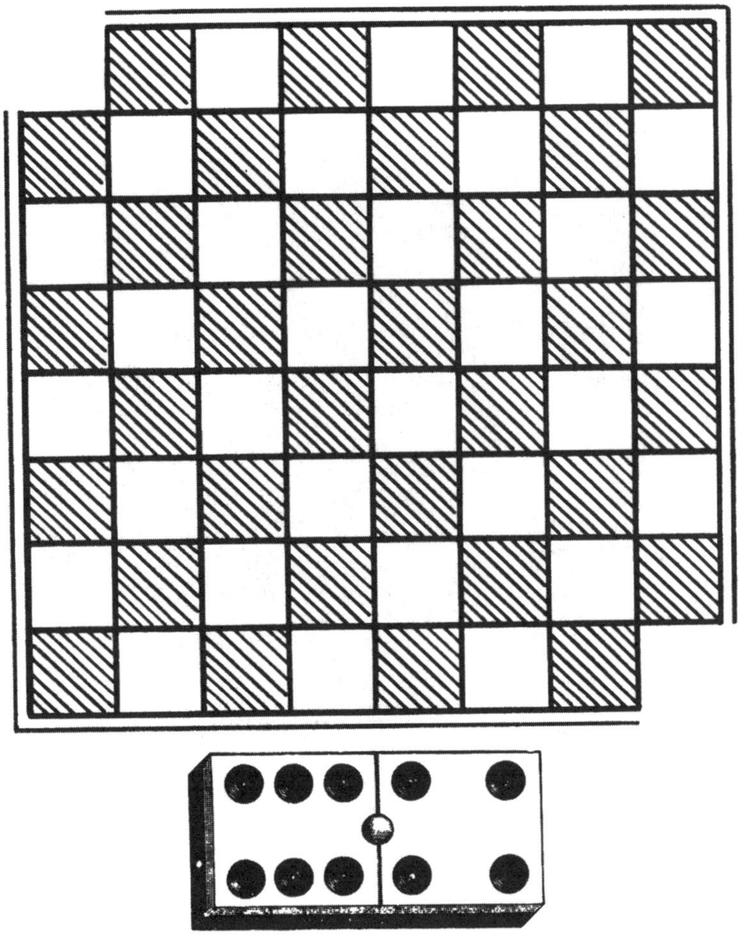

Aproveite para jogar dominó e damas ao mesmo tempo. Temos aqui 32 peças de dominó, cada uma ocupando dois quadrados do tabuleiro. Se todas as peças estiverem no tabuleiro, as 64 casas ficarão ocupadas, certo? Agora, elimine duas casas nos cantos opostos do tabuleiro e descarte uma peça. Você seria capaz de ocupar as 62 casas do tabuleiro com as 31 peças de dominó que estão na mesa? Se for, prove! Se não, diga por quê.

A barra de chocolate

Muitos anos atrás, três cavalheiros dividiam uma mesa numa taverna. Ao final da refeição, pediram uma barra de chocolate para dividir em partes iguais. Mas antes que a barra chegasse, eles adormeceram. O primeiro que acordou viu a barra, comeu a sua terça parte e voltou a dormir. O segundo acordou logo depois e, ao ver a barra de chocolate, comeu o que considerou ser a sua parte e também voltou a dormir. Por fim, o terceiro viajante acordou, olhou para a barra de chocolate e comeu o que pensou ser a sua terça parte. E os três novamente caíram nos braços de Morfeu. Enquanto dormiam profundamente, o garçom tirou o prato com o chocolate dentro dele. Nele, havia oito pedaços. Você saberia dizer em quantas partes a barra foi originalmente dividida?

O pneu

Há pouco tempo, o nosso Clube da Charada fez uma excursão à praia. No meio do caminho, furou um pneu do ônibus. O motorista saltou, tirou o pneu furado e foi buscar o estepe. Quando ia pôr o estepe na roda, o pneu quicou no chão, rodou para o outro lado da estrada e desceu a colina, levando junto as cinco porcas que o prendiam à roda.

— Vejam só! — disse o motorista. — Teremos de voltar para comprar porcas.

— Não tenha tanta pressa — palpitou a tia Berta. — O que você tem de fazer é...!

Qual é a solução encontrada por tia Berta para o pobre motorista?

A forma

Em 1877, o professor Reynaund fez muito sucesso. Um de seus números mais populares era apresentado em um *slide* com a ajuda de sua famosa invenção, o praxinoscópio. Aqui, nós o vemos apresentando o problema conhecido como "O enigma da forma". Na tela, de cima para baixo, vemos a frente e a lateral de um bloco sólido de madeira. Depois de estudar as duas imagens, você deve adivinhar qual é a forma do objeto. Concentre-se nele.

A família

Bem, parece que desta vez os irmãos Anderson se deram mal. Seus pais contrataram Cedric, o Narigudo, a "babá" mais rigorosa da cidade, para tomar conta deles. Os irmãos Anderson são todos muito levados. Não sabemos exatamente quantos são, mas sabemos que cada menina tem o mesmo número de irmãos e de irmãs. E também que cada um dos meninos tem duas vezes mais irmãs do que irmãos. Com essa informação, você consegue saber quantos são no total esses pestinhas?

O uniciclo

O jovem Austin era um filho zeloso que costumava jantar com a mãe todos os domingos, às 5 horas da tarde. Ele morava em Rivergove, e sua mãe, no centro da cidade. Tempos atrás, ele imaginou que, se conduzisse seu uniciclo a 24 km por hora, chegaria à casa dela uma hora antes do jantar. Mas, se rodasse em média 16 km por hora, chegaria uma hora atrasado para o jantar.

Você saberia dizer a que velocidade Austin rodou para chegar exatamente na hora do jantar? E, também, qual era a distância entre a sua casa e a de sua mãe?

Os números

PROBLEMA PARA ENTRAR NO CLUBE DE ADIVINHAÇÕES					
4	5	6	7	8	9
61	52	63	94	46	?

Parece que Groucho não está muito disposto a entrar para o clube. Seria ele capaz de resolver o problema acima? O que você tem a fazer é adivinhar qual é o número que falta.

A aposta

Wellington está de volta com uma nova rodada de apostas para atrair os jogadores de plantão. Nós estávamos no Café Alhos com Bugalhos quando Wellington fez um desafio. Pondo uma folha de papel e uma caneta sobre a mesa, ele disse:

— Aposto US$ 100,00 com vocês que consigo tirar quatro de quatro e ainda sobrar oito.

Todo mundo sabia que só podia ser um truque, mas Elmer pôs uma nota de US$ 10,00 sobre a mesa e disse:

— É pegar ou largar. Eu o desafio a provar o que está dizendo.

É claro que Wellington pegou o dinheiro e mostrou a todo mundo que podia, sim, tirar quatro de quatro e terminar com oito. Como será que ele fez isso?

A flutuação

Tio Lorenzo é mesmo uma pessoa muito divertida. Embora não seja como Wellington, de vez em quando aparece com adivinhações muito boas. Ele não estava brincando quando disse que conseguia fazer um pedaço de ferro flutuar na água. Veja se você consegue descobrir como ele fez isso sem olhar a resposta.

A flecha

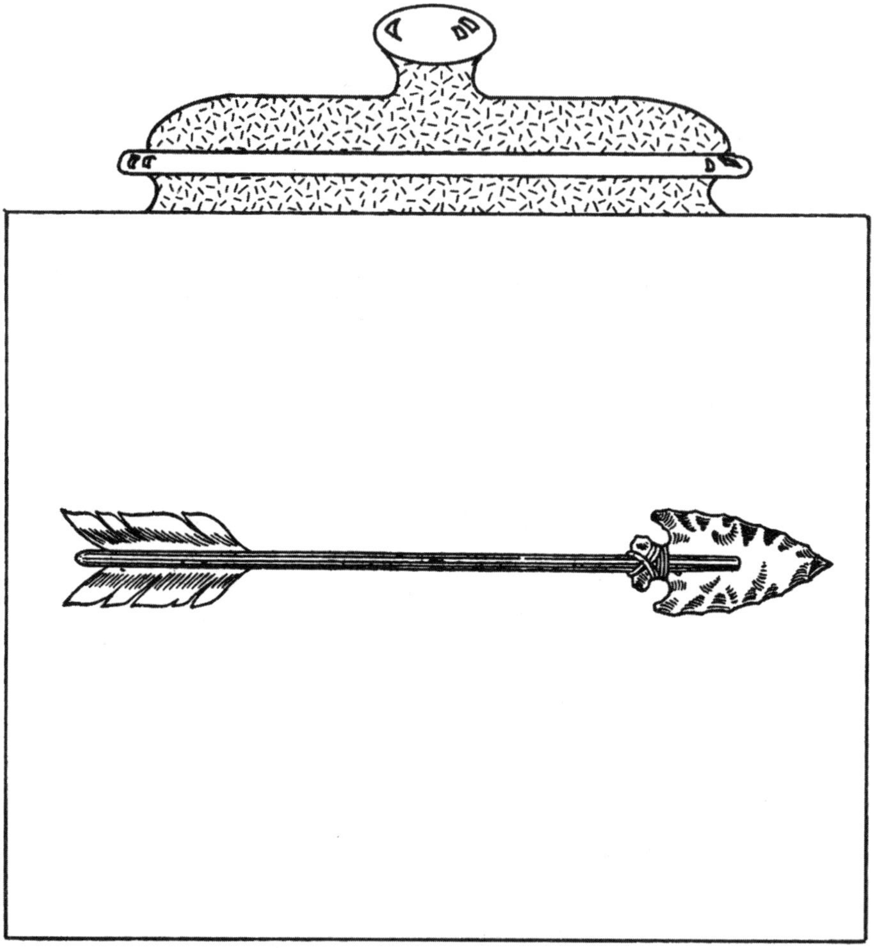

Este truque vai pegar todo mundo. Desenhe uma flecha num cartão: quanto mais enfeitada melhor. Em seguida, posicione o desenho sobre a mesa de modo que a flecha aponte para a direita. Agora, aposte que você vai fazer a flecha apontar para a esquerda sem tocar no cartão ou virar a mesa. Parece impossível, mas...

O macaco

O realejo do Tony está muito desafinado, mas não há o que o faça tocar a sua música em outra freguesia, nem mesmo a pressão das pessoas nas janelas.

Antes que a platéia desista, você poderia mostrar ao macaco Jocko qual é o caminho mais curto para passar a canequinha por todas as janelas? O macaco deve partir da posição em que está e terminar no ombro de seu dono.

A areia

O presidente Theodore Roosevelt está tentando resolver um problema em seu famoso canal. Você pode ajudar o sr. Henderson a responder à pergunta do presidente?

O triângulo

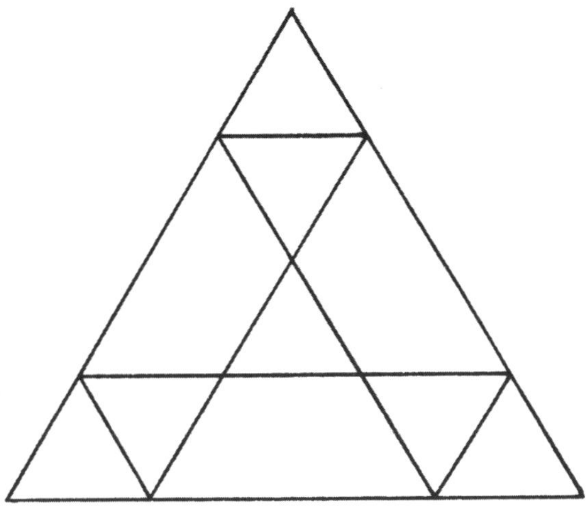

Ao longo do rio Nilo, as pessoas adoram contemplar pirâmides e triângulos. A jovem aqui presente está tentando calcular quantos triângulos há no desenho acima. Nele, há muitos triângulos de tamanhos diferentes. Veja quantos você consegue encontrar em 60 segundos.

A entrada

Esta jovem está chegando a uma festa à fantasia no zoológico local para arrecadar fundos. Entretanto, não há ninguém no portão para recebê-la. No muro ao lado do portão, há uma placa muito mal escrita com instruções de como proceder. Você consegue ler o que está escrito para que ela chegue logo ao baile?

A geometria

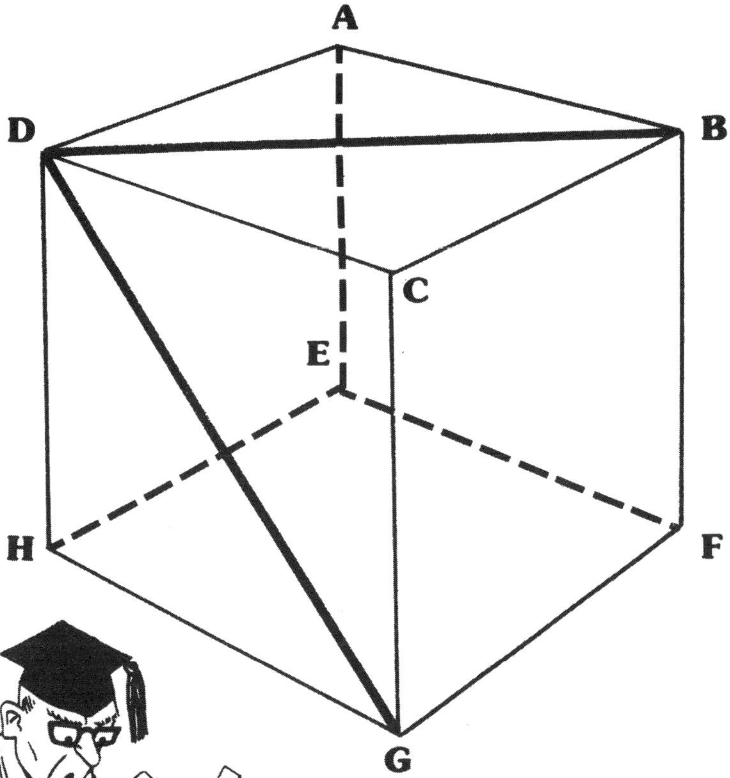

O professor está com uma dúvida. Ele esqueceu a resposta do enigma acima e a aula vai começar em cinco minutos. Duas linhas, *BD* e *DG*, foram desenhadas nas faces de um cubo imaginário. As linhas convergem no ponto *D*. Você é capaz de calcular o ângulo formado pelas duas linhas diagonais e ajudar o professor a dar a resposta?

RESPOSTAS

Alguns quebra-cabeças têm mais de uma solução. Aqui, apresentamos as mais comuns.

A vitrine (p. 10). A área sombreada é a parte da janela que será pintada de azul.

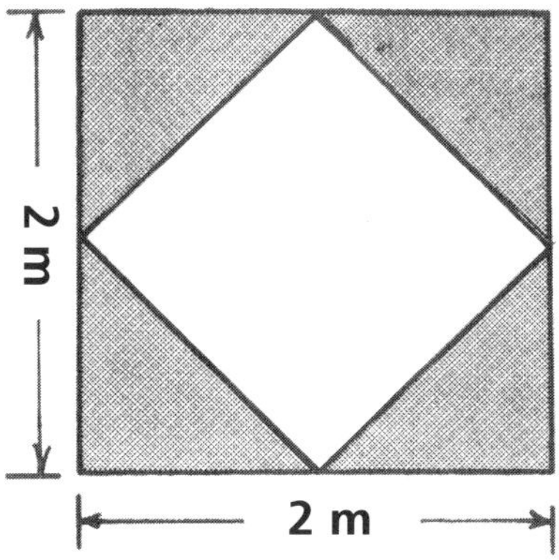

O canudo e a garrafa (p. 10). Dobre levemente a ponta do canudo para formar um pequeno "V". Insira essa ponta na garrafa e gire até conseguir prendê-la, como mostra a ilustração. Assim, você conseguirá erguer a garrafa da mesa.

O aquário (p. 11). Levante uma ponta do aquário de modo que transborde do outro lado. Continue fazendo isso até que o nível da água vá de um canto inferior ao canto superior oposto. Nesse ponto, o aquário estará cheio pela metade.

As moedas (p. 12). Os movimentos são: (1) 5 para 8, remova 7; (2) 2 para 5, remova 4; (3) 9 para 2, remova 6; (4) 10 para 6, remova 8; (5) 1 para 4, remova 2; (6) 3 para 7, remova 4; (7) 5 para 8, remova 7; (8) 6 para 10, remova 8.

A pipa (p. 13). A ilustração mostra como desenhar a pipa sem cruzar linhas em nenhum ponto ou sem passar sobre a linha mais de uma vez.

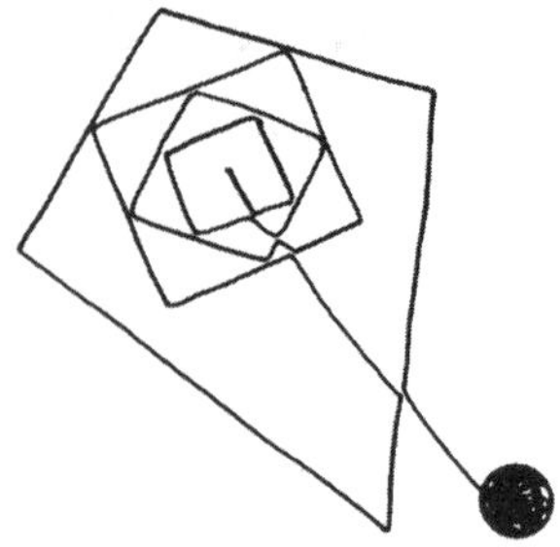

O livro (p. 14). Para arrebentar o barbante abaixo do livro, dê um puxão forte para baixo, assim estará puxando contra a inércia do peso do livro, e o barbante arrebentará antes que qualquer força seja transmitida para a parte de cima. Para arrebentar o barbante acima do livro, puxe-o levemente. A força mais o peso do livro farão com que essa parte do barbante arrebente primeiro.

Os palitos de sorvete (p. 15). Escorregue o palito da parte inferior da taça para a esquerda. Depois, mova o palito que está do lado "direito" da taça para a esquerda da haste da taça. Ela estará de ponta-cabeça e a cereja ficará de fora.

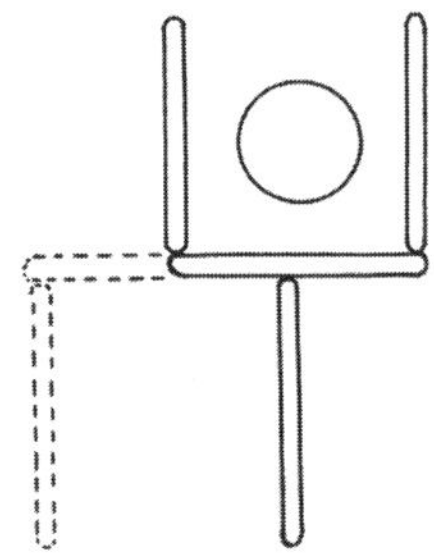

Os palitos de dente (p. 16). Mova os três palitos sinalizados pela linha pontilhada do peixe à esquerda (A) e coloque-os nas posições indicadas pelas linhas pontilhadas do peixe da direita (B).

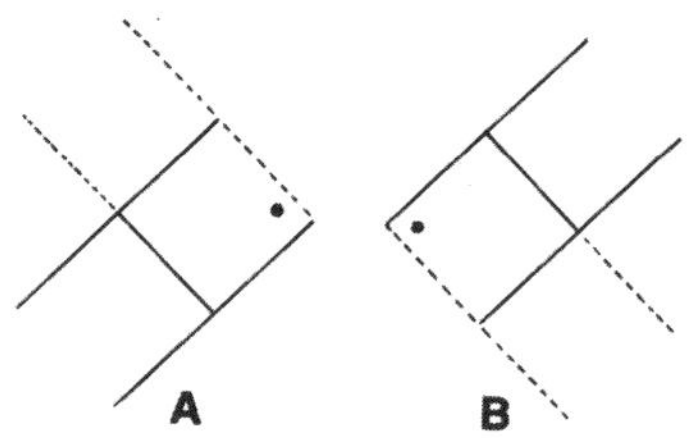

O barbante (p. 17). Passe a laçada de seu barbante através da laçada que circunda os punhos de seu amigo e escorregue sobre a mão, passando de volta pela laçada. O barbante, então, estará separado.

Os selos (p. 18). Coloque dois selos, um sobre o outro, no meio da cruz. Você terá "quatro" selos em cada linha.

Materiais de construção (p. 19). O que faltou foi o número das casas. Na loja, esses números são vendidos a R$ 1,00 cada. Como o condomínio é composto de apenas nove unidades, nenhum condômino precisará de mais que um número. Por isso, quatro compradores comprando quatro números pagarão um total de R$ 4,00.

A moeda de dez centavos (p. 20). Coloque seu indicador na mesa, do lado oposto da moeda e arranhe levemente a toalha. A moeda vai se mover lentamente para a direção oposta. Logo, ela estará fora do copo.

As pontas de lança (p. 21). Se você colocar quatro pontas de lança na mesa, como mostra a ilustração, verá uma quinta ponta no meio. Essa resposta é mesmo incrível.

A nota de um real (p. 22). Apesar de parecer fácil pegar a nota, é impossível acertar mais de uma vez em dez tentativas. As pessoas não têm reflexos tão rápidos.

As cartas (p. 23). Os movimentos são os seguintes: (1) carta 4 sobre carta 1; (2) carta 6 sobre carta 9; (3) carta 8 sobre carta 3; (4) carta 2 sobre carta 7; (5) carta 5 sobre carta 10.

A traça de livros (p. 24). A distância total que a traça percorre é de 5 cm. Como ela começa na primeira página do volume 1, que está do lado direito do livro e vai até o volume 3, a primeira coisa que a traça vai roer é a capa do volume 1. Depois disso, ela vai para a contracapa do volume 2, aí vai andar 4 cm pelas páginas até a capa do volume 2. Por fim, estará na capa do volume 3 e chegará à sua última página, a linha final de nosso quebra-cabeça. Isso totaliza quatro capas e o conteúdo de um volume, ou 5 cm.

A geometria (p. 25). A linha OD é o raio do círculo e tem 6 cm de comprimento. A figura ABCO é o retângulo cujos cantos opostos tocam o centro e a beirada do círculo. Por isso, o raio da linha OB terá 6 cm de comprimento. Como as duas diagonais do retângulo têm o mesmo comprimento, a linha AC será igual à linha OB, ou seja, 6 cm de comprimento.

O arco e a flecha (p. 26). Para que a contagem exata seja 100, usando seis flechas, coloque-as da seguinte forma no alvo: 16, 16, 17, 17, 17, 17.

Os botões (p. 27). Aqui estão os movimentos (B = branco e V = vermelhos): (1) B2 para 3; (2) V4 para 2;(3) V5 para 4; (4) B3 para 5; (5) B1 para 3; (6) B2 para 1; (7) V4 para 2; (8) B3 para 4.

As correntes (p. 28). Como há seis pedaços de corrente, a solução que primeiro vem à cabeça é abrir a conexão de um pedaço e fechá-lo na conexão de outro. Fazendo isso cinco vezes, o custo total será de R$ 6,25.
Entretanto, há um jeito mais barato de resolver a questão. Pegue um dos pedaços que tenham quatro conexões. Abra cada uma delas. Isso custará 75 centavos vezes 4, o que dará R$ 3,00. Use essas quatro conexões para juntar os cinco pedaços restantes de corrente. Soldando essas quatro conexões, teremos um custo adicional de R$ 2,00. O custo total da corrente, com 29 conexões, será de apenas R$ 5,00.

O cubo (p. 29). As respostas são as seguintes:
(1) 3 lados pintados de azul = 8 cubos
(2) 2 lados pintados de azul = 12 cubos
(3) 1 lado pintado de azul = 6 cubos
(4) nenhum lado pintado de azul = 1 cubo
Total = 27 cubos

Os animais (p. 30). Há quatro leões e 31 avestruzes. Veja como o responsável pelo parque chegou a esse total: como ele contou 35 cabeças, deve haver no mínimo 70 patas. No entanto, ele contou um total de 78 patas, ou oito patas mais que o mínimo, que devem pertencer aos leões. Dividindo essas oito patas por dois, teremos o número dos animais com quatro patas. Por isso, o total de leões na reserva é quatro.

Marte (p. 31). Os 50 mil leitores que escreveram dizendo "não há caminho possível" acertaram, porque essa sentença é a resposta do quebra-cabeça.

O cruzamento (p. 32). Napoleão mandou colocar o poste de maneira que a placa com o nome da cidade de onde ele veio apontasse para a estrada que tinha acabado de pegar para chegar ao cruzamento.

Os descansos de copos (p. 33). Os desenhos a, b e c mostram como rearrumar os descansos em um círculo perfeito.

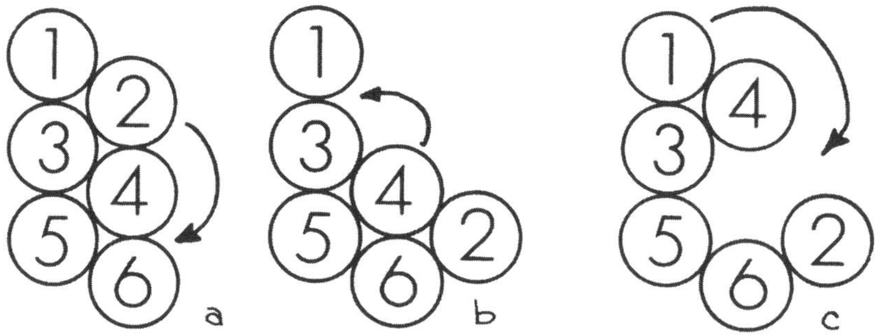

O círculo (p. 34). Coloque uma ponta do quadrado de papelão sobre qualquer ponto da circunferência. Agora, nos pontos *A* e *B*, onde os lados do cartão cruzam a linha do círculo, faça duas marcas (Fig. 1). Usando o cartão como esquadro, desenhe uma linha cruzando o círculo dos pontos *A* e *B*. Agora, coloque a ponta do cartão em algum outro ponto da circunferência, repita as ações do primeiro passo, colocando marcas nos pontos *C* e *D* (Fig. 2). Por fim, desenhe uma linha reta de *C* a *D*. O centro do círculo é onde a linha *AB* cruza com a linha *CD* (Fig. 3).

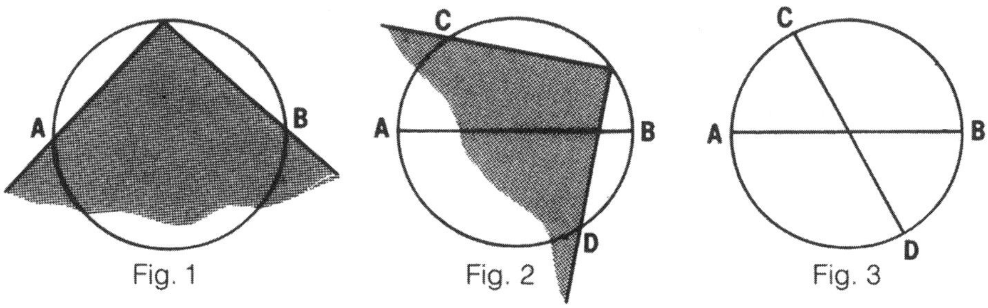

Fig. 1 Fig. 2 Fig. 3

A pedra rúnica (p. 35). O que todos os caracteres têm em comum é que são números. Todos os números, de 1 a 9, foram esculpidos de forma espelhada. Se você cobrir a metade de um dos números, pode observar isso. O número que falta é, portanto, o 6.

O caminhão (p. 36). Isso só poderia ser verdade se o motorista tivesse um baú aberto no caminhão. Com um baú fechado, para que os pássaros continuem voando, suas asas precisam pressionar o ar para baixo, com força igual ao seu peso. Portanto, o caminhão continuará com o mesmo peso com os pássaros voando ou empoleirados.

A garrafa (p. 37). A tira de papel é longa demais para ser retirada debaixo das moedas, embora este seja o método que deve ser usado neste tipo de desafio. O que você deve fazer é cortar, ou rasgar, a tira de papel de um dos lados, 2 a 3 cm a partir da pilha de moedas. Agora, segure firmemente a outra parte da tira, a mais comprida, e estique-a perpendicularmente à garrafa. Com o indicador da outra mão, dê um golpe forte e seco no meio da tira, entre sua mão e a garrafa. O papel sairá debaixo das moedas tão rapidamente que a inércia vai impedi-las de cair.

O raio X (p. 38). Pressione levemente o papel sobre a moeda. Calque o lápis sobre a parte do papel que está sobre a moeda. Aparecerá o contorno da moeda mostrando diferentes traços, inclusive a data. Você certamente provou que pode enxergar através de objetos sólidos. E poderia ler a data da moeda, mesmo que estivesse coberta com papel-alumínio.

O sapo (p. 39). Parece que nosso sapo sobe um metro por dia. Ao final de sete dias, terá escalado 7 metros. No oitavo dia, ele escala o restante, o que faz com que chegue à borda do poço, de onde pula para fora, cansado, mas feliz. A resposta é, portanto, oito dias.

Os copos de cerveja (p. 40). Usando o copo pequeno, vamos encher o copo grande oito vezes. Quando as dimensões de um recipiente de três dimensões são dobradas, seu volume é multiplicado pelo fator 8. Por exemplo: em um cubo de 1 m por 1 m por 1 m, seu volume é 1 metro cúbico. Dobre suas dimensões para 2 m por 2 m por 2 m, e você terá o volume de 8 metros cúbicos.

O policial (p. 41). A ilustração mostra a rota que o policial fez.

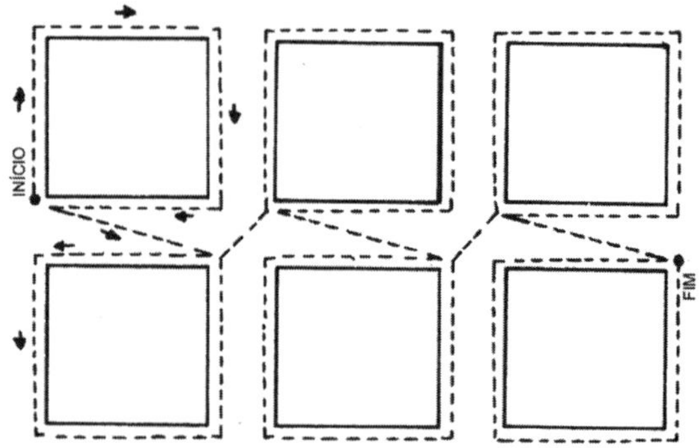

Os maridos ciumentos (p. 42). Vamos denominar os maridos de *A*, *B* e *C* e suas esposas de *a*, *b*, *c*. A travessia é feita assim:
(1) *a* e *b* atravessam, e *b* traz o barco de volta.
(2) *b* e *c* atravessam, e *c* volta sozinha.
(3) *c* desce e fica com o marido, enquanto *A* e *B* atravessam. *A* desce, e *B* e *b* voltam para o outro lado.
(4) *B* e *C* atravessam, deixando *b* e *c* no ponto de partida.
(5) *a* traz de volta o barco, e *b* atravessa com ela.
(6) *a* desce, e *b* volta para pegar *c*.
(7) *b* e *c* atravessam, e todos estão reunidos. Final feliz!

As bicicletas (p. 43). Betty pedalou por uma hora e cobriu 12 km. Deixou, então, a bicicleta do lado da estrada e caminhou os restantes 12 km, até a casa da tia, em duas horas. Depois de andar duas horas, Nadine chegou até a bicicleta e, uma hora depois de pedalar, chegou à casa da tia ao mesmo tempo em que Betty. O total de tempo que precisaram para percorrer 24 km foi de três horas.

A dedução (p. 44). O que devemos determinar é: toda carta com verso azul tem desenho de rei do outro lado? Com certeza temos de levantar a carta 1, porque tem o verso azul. Não estamos interessados em cartas com versos vermelhos, então vamos pular a carta 2. A carta 3 é um rei, mas não tem importância se tem o verso azul ou vermelho, por isso também será pulada. Por fim, vamos virar a carta 4. Se a carta 1 for um rei e a carta 4 tiver o verso vermelho, a resposta é "sim". Entretanto, se a carta 1 não for rei e a carta 4 tiver o verso azul, a resposta é "não".

O jogo de tênis (p. 45). Como cada jogo elimina uma dupla e como temos 128 duplas, levará 127 jogos para eliminar todos, menos a dupla ganhadora.

Os pregos (p. 46). Como você pode ver neste arranjo cada prego toca o outro.

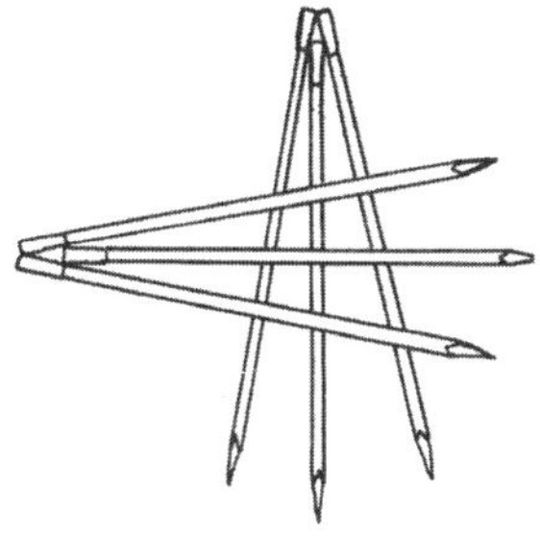

Os viajantes (p. 47). Só uma pessoa estava indo a Sousas. Lembre-se de que o homem começou o poema dizendo: "Quando estava indo a Sousas, / encontrei [...]". Como ele *en-*

controu essas pessoas, elas deveriam estar vindo de Sousas, e não indo para lá. Se estivessem mesmo indo para lá, o homem teria *passado* por elas, ou as *ultrapassado*, mas ele certamente não se *encontraria* com elas.

O antiquário (p. 48). A diferença entre 90% do valor da fonte e 125% do valor é 35%. Como 35% valem R$ 105,00, 1% valerá R$ 3,00. Por isso, a fonte original vale R$ 300,00.

A mosca (p. 49). A maioria das pessoas, provavelmente, vai decidir que o caminho mais curto para a mosca é seguir em linha reta direto do ponto A ao ponto D e aí, pela borda, ao ponto B. Usando o teorema de Pitágoras, calculamos que a linha AD tem 70,7 cm de comprimento. (O teorema de Pitágoras afirma que o comprimento do lado maior de um triângulo retângulo é igual à raiz quadrada da soma dos quadrados dos outros lados.)
Somando a 70,7 cm os 50 cm da linha DB, teremos uma distância de 120,7 cm. Se, no entanto, traçarmos a linha AC do ponto A ao ponto C, que é o ponto médio da borda do cubo, teremos, também por Pitágoras, uma linha de 55,9 cm de comprimento. A linha CB também tem 55,9 cm de comprimento. Por isso, temos um comprimento total de 111,8 cm, que é uma distância mais curta do que a primeira idéia, que parecia a mais óbvia.

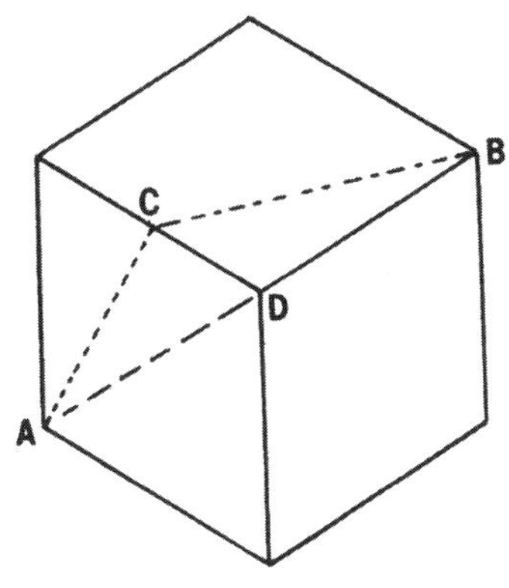

A corrida de charretes (p. 50). A solução dada pelo fazendeiro foi de que os dois homens trocassem de charrete. Lembre-se de que a aposta inicial especificava que "a primeira charrete que cruzasse a linha, perderia".

Os biscoitos (p. 51). Pobre Adriana, começou com 15 biscoitos. Lorena recebeu 7 ½ + ½, ou 8 biscoitos. Sobraram 7. Marta recebeu 3 ½ + ½, ou 4 biscoitos. Sobraram três. Laura recebeu 1 ½ + ½, ou 2 biscoitos. Sobrou 1. Por fim, Margarete recebeu ½ + ½, ou 1 biscoito, deixando Adriana com nada. Bem, sempre há uma esperança de ganhar outra caixa de biscoitos.

A buzina (p. 52). Groucho apareceu com uma solução engenhosa. Ele pediu ao dono da loja uma caixa grande, que medisse 90 cm por 120 cm. Tirou a bola de borracha da buzina e colocou a buzina dentro da caixa, na diagonal. (O comprimento da diagonal era de 150 cm.) Depois de embrulhar a caixa que media 90 cm de largura por 120 de comprimento, o funcionário do correio aceitou o pacote. O caso foi resolvido.

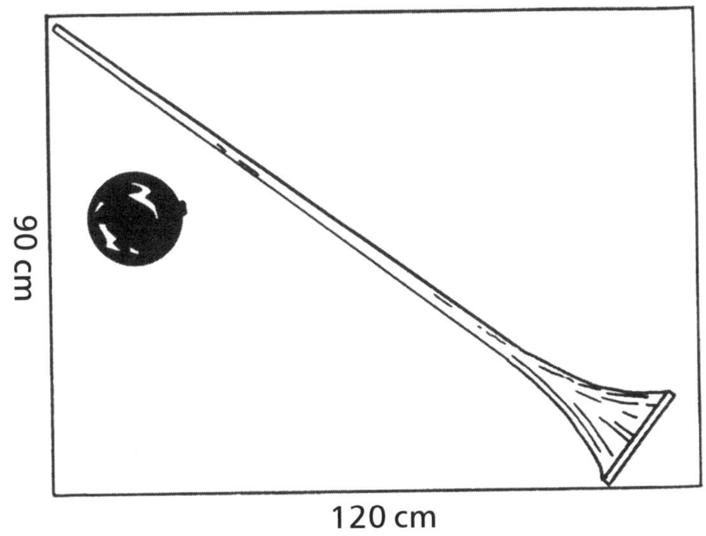

A carteira (p. 53). O sr. Garcia tinha uma nota de R$ 50,00, uma de R$ 5,00 e quatro de R$ 2,00.

O emblema (p. 54).

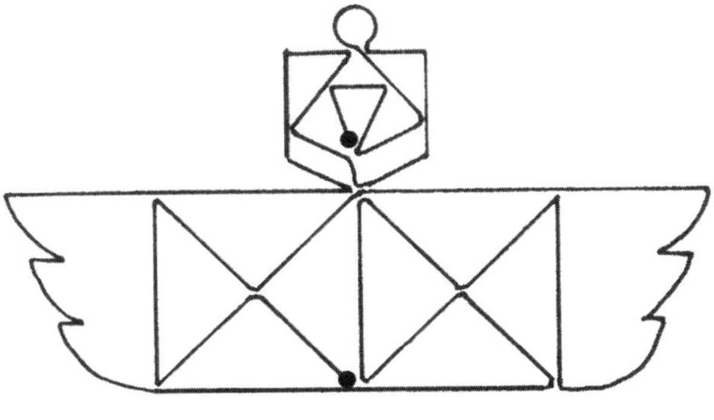

O jogo de damas (p. 56). O preto se move e ganha: 27 para 24, 28 para 19, 26 para 23, 19 para 26, e 30 para 23, 14, 7 e 16.

Os pratos (p. 57). Primeiro, corte as duas rolhas ao meio, no sentido longitudinal. Em seguida, force os dentes de cada garfo em uma das metades da rolha, como indica a ilustração ao lado. Certifique-se de que o ângulo criado pelo garfo e pela rolha é menor que 90°. Coloque as rolhas ao redor da borda do prato e os garfos também contra a borda do prato. Isso impedirá que eles balancem. Agora, você pode facilmente equilibrar o prato sobre a ponta da agulha.

Os fósforos (p. 58). Este é certamente um jeito diferente de resolver este tipo de quebra-cabeça. O diagrama ao lado mostra como arrumar os 15 palitos de fósforo para formar 8 pequenos quadrados.

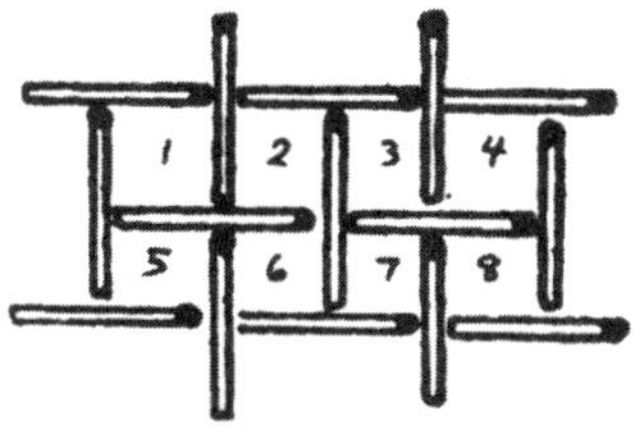

Os dias (p. 59). Billy foi ao porto na terça-feira. Em primeiro lugar, como a loja de animais não abre na quinta nem na sexta, devemos desconsiderar esses dias. Em seguida, podemos desconsiderar o sábado, porque nesse dia o barbeiro não abre. Como Billy voltou para casa com mais dinheiro do que tinha quando saiu, podemos concluir que sacou seu salário. Sabemos que o pagamento é feito na quinta-feira; mas como os dois dias seguintes (sexta e sábado) foram desconsiderados, tudo indica que ele foi à cidade na terça-feira seguinte, quando o banco estaria novamente aberto. Esse era também o dia em que o barbeiro e a loja de animais ficariam abertos.

A família (p. 60). O avô recebeu os seguintes parentes, incluindo ele mesmo: dois irmãos e duas irmãs, os pais deles, e os avós por parte de mãe e de pai. Dez membros da família no total.

O cofre (p. 61). Dick pegou 60 moedas de 1 centavo, 39 moedas de 10 centavos e 1 moeda de 50 centavos.

A profecia (p. 62). Bob tem a vantagem de ser o segundo. Não importa a data que estiver na moeda que Jeferson tirar, tudo que Bob tem a fazer é selecionar a data mais próxima para frente ou para trás. Assim, ele estará próximo da data de quase todas as moedas que Jeferson tirar do bolso. O único jeito de Bob perder é se Jeferson acertar corretamente a data da moeda que ele tirar.

Os cigarros (p. 63). De nove bitucas, das dez que tem, Ned faz três cigarros. Sobra uma. Depois de fumar esses três cigarros, Ned tem novamente três bitucas. Dessas, ele faz seu quarto cigarro. Então, depois de fumar esse, tem duas bitucas, contando com a que tinha sobrado logo no início. O que fazer? Ned se dirige a uma mesa próxima e pede emprestada uma bituca do cinzeiro. Ele tem então três bitucas, com as quais fará o quinto cigarro. Uma vez terminado esse cigarro, ele devolve a bituca emprestada para o cinzeiro e vai para casa. Mas por que os outros quereriam uma bituca de volta não se sabe.

As fichas de pôquer (p. 64). As duas fileiras se cruzam em um dos cantos. A ficha do canto tem uma ficha sobreposta a ela. Desse modo, uma fileira tem três fichas e a outra, quatro.

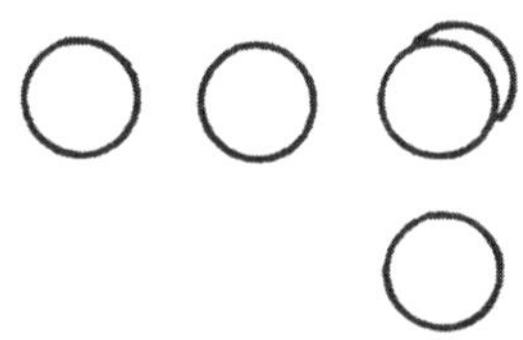

As rolhas (p. 65). O segredo está na posição das mãos quando se juntam. O novato certamente juntará as mãos com as palmas das duas voltadas para o corpo, conforme descrevemos na figura 2 da página 65.

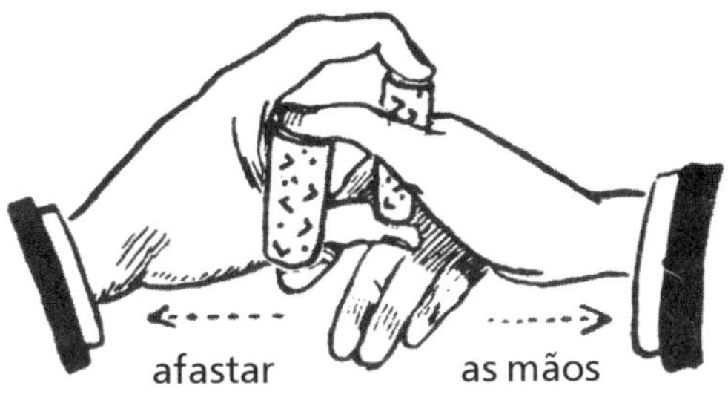

Para resolver o desafio, na hora de pegar as rolhas, faça como na ilustração acima: vire a palma da direita para dentro, e a palma da mão esquerda para fora. Elas, então, não ficarão no caminho uma da outra, e poderão se separar sem dificuldade.

A aposta (p. 66). A primeira vitória se dá assim: o único movimento óbvio é mover a pedra preta do quadrado 19 para o 24. Então, a pedra branca passa do 29 para o 25. A preta agora vai do 24 para o 28. A branca vai de 30 para 26. A preta tem de pular de 21 para 30, e isso possibilita um rei. A branca então se move de 31 para 27. A preta tem de dar um salto duplo de 30 para 23 e para 32, tirando a última pedra branca do tabuleiro e terminando o jogo antes que a pedra preta, do quadrado 19 possa estar na fileira do rei.

Para a segunda vitória, quando você jogar com as pedras pretas, faça o primeiro movimento de 21 para 25. A pedra branca, então, pula essa pedra para ir de 29 para 22, ou de 30 para 21. Você, então, move a preta do 19 para 24. Agora é impossível para a pedra branca evitar que você mova sua pedra para a fileira do rei e vença pela segunda vez. É fácil, quando você sabe como funciona.

O planetário (p. 67). Os planetas são Mercúrio, Vênus, Terra, Marte, Júpiter, Saturno, Urano, Netuno, Plutão. A estrela é o Sol. A ilustração mostra como encontrar Vênus.

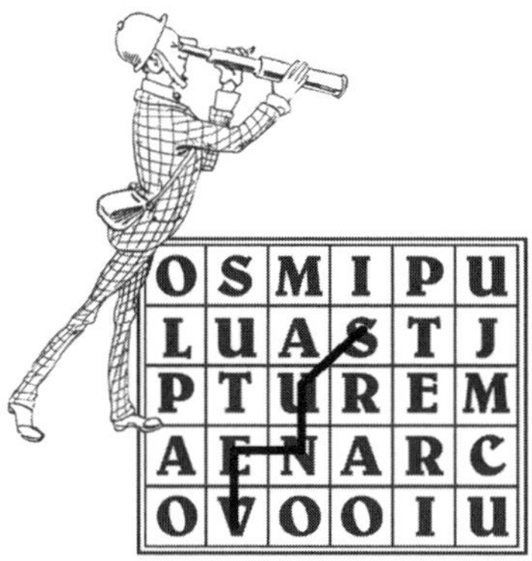

O lagarto chifrudo (p. 68). Este é um quebra-cabeça fácil. O lagarto atravessou dois lados de um triângulo retângulo. Quando os pontos de um triângulo retângulo tocarem a borda do círculo, o lado maior, ou a hipotenusa, será igual ao diâmetro do círculo. Por isso, o diâmetro mede 100 cm. Lembre-se de que o quadrado da hipotenusa é igual à soma dos quadrados dos outros lados. (3.600 + 6.400 = 10.000. A raiz quadrada de 10.000 é 100.)

O jogo de pôquer (p. 69). O dinheiro ficou dividido da seguinte forma: Melvin tinha R$ 94,25; Harvey tinha R$ 74,25; Bruce tinha R$ 41,25 e Ray tinha R$ 23,25.

O trenzinho de brinquedo (p. 70). Ele comprou: três vagões de passageiros por R$ 4,00 cada (R$ 12,00); quinze vagões de carga por R$ 0,50 cada (R$ 7,50); dois vagões de carvão por R$ 0,25 cada (R$ 0,50). Somando tudo, temos: R$ 12,00 + R$ 7,50 + R$ 0,50 = R$ 20,00.

O castigo (p. 71). O jeito é usar um número inteiro com uma fração como 3 3/3, que é igual a 4, um número par. Alguns outros exemplos: 9 9/9, que é igual a 10, e 7 7/7, que é igual a 8.

Brincando de loja (p. 72). O vidro de geléia de morango custa R$ 0,50 e o de pêssego, R$ 0,40. Na compra, Sally pagou R$ 1,50 pelos três vidros de geléia de morango e R$ 1,60 pelos quatro vidros de geléia de pêssego, o que soma R$ 3,10, o valor especificado no quebra-cabeça.

Os buracos de bala (p. 73). Depois de baixar a fumaça, você chegou à resposta ao lado?

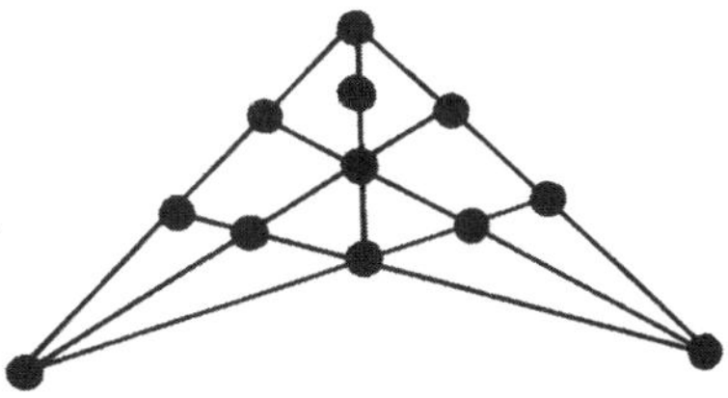

A venda do carro (p. 74). Como o marido de Dafne baixou o preço do carro em 20% em cada tentativa de venda, o preço final foi de R$ 563,20.

O baralho (p. 75). Se você não conseguiu, vamos lhe mostrar as seis semelhanças: (1) Em um baralho, há 52 cartas e há 52 semanas em um ano. (2) Há 13 cartas em cada naipe e há 13 semanas em cada estação. (3) Há 4 naipes e 4 estações. (4) Há 12 figuras em um baralho e 12 meses no ano. (5) As cartas vermelhas correspondem ao dia e as pretas correspondem à noite. (6) Se você somar o valor de todas as cartas, atribuindo ao valete valor 11, à rainha 12 e ao rei 13, você obterá 364. Some 1 para o curinga e terá 365, número de dias em um ano.

As cartas reais (p. 76). Ao colocar as cartas uma virada com a face para a mesa e outra no fundo do monte, elas acabarão dispostas da seguinte forma: rei, rei, dama, rei, rei, dama, dama, dama.

O computador (p. 77). Existem pelo menos duas soluções:

2	1	9
4	3	8
6	5	7

3	2	7
6	5	4
9	8	1

O beijo (p. 78). Caleb resolveu o quebra-cabeça usando algarismos romanos. O número 29 em algarismos romanos é XXIX. Caleb disse que iria subtrair 1 de 29 e ficar com 30. Nesse caso, ele tirou I e ficou com XXX, que corresponde a 30. Isso não vale mais do que um beijo na bochecha.

A escada de corda (p. 79). Uma vez que o navio sobe e desce com a maré, continuará tendo 50 degraus acima da água na maré alta. E aí, marinheiro de primeira viagem, se molhou muito com este quebra-cabeça?

A garrafa (p. 80). O capitão era Noé. Ele tinha um grande barco com animais de todas as partes do mundo e nenhum à venda. Como não havia terra à vista, não importava para que lado o vento soprasse; todos os portos estavam submersos e o que ele mais queria era encontrar um pedaço de terra para encalhar.

A cédula (p. 81). O criado já esperava que a rainha quisesse demiti-lo, então fez o seguinte: tirou uma das cédulas, rasgou em pedacinhos e colocou no bolso. Depois, tirou a outra cédula e mostrou para todos. Como nessa estava escrito "Vá embora!", todos concluíram que no primeiro papel estava escrito "Fique!". A rainha, claro, não podia admitir que ela tinha ludibriado o criado.

A soma (p. 82). A resposta é: $1 + 2 + 3 + 4 + 5 + 6 + 7 + (8 \times 9) = 100$

A loja de mágicas (p. 83). Como a quota que cada uma recebeu estava condicionada ao tempo de serviço, então era justo que a governanta recebesse uma quota, a criada de quarto três quotas e a cozinheira seis, num total de dez quotas. O valor de uma quota era um décimo de R$ 700,00, ou R$ 70,00, que foi a parte da governanta. A criada de quarto recebeu R$ 210,00, e a cozinheira, R$ 420,00.

A substituição (p. 84). A resposta é:

$$\begin{array}{r} 17 \\ \times\ 4 \\ \hline 68 \\ +\ 25 \\ \hline 93 \end{array}$$

As bolhas (p. 85). Comece com 10, some mais 10, acrescente 5 (que é metade da quantidade original) e finalmente acrescente 7. Teremos 10 + 10 + 5 + 7 = 32. A resposta é dez bolhas.

A transposição (p. 86). Os movimentos são: 2 para 3, 8 para 5, 10 para 7, 3 para 9, 5 para 2, 7 para 4, 9 para 6, 4 para 10, 6 para 8, 1 para 6, 2 para 4, 6 para 5, 4 para 3, 10 para 9, 5 para 7, 3 para 2, 9 para 1 e 7 para 10.

A roda do parque de diversões (p. 87).

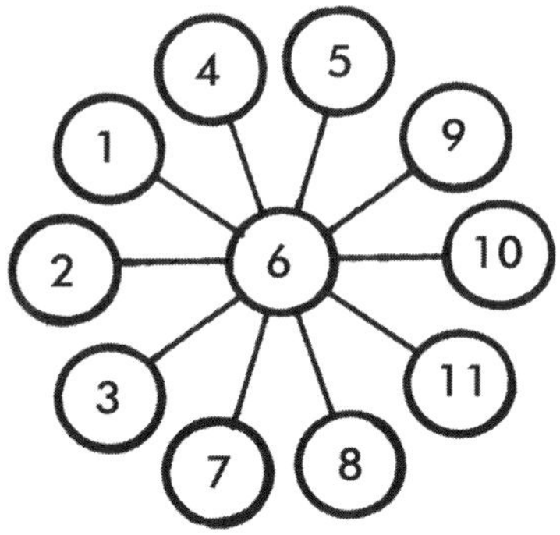

As gorjetas (p. 88). Pat começou com R$ 50,00 e Mike, com R$ 30,00.

A colméia (p. 89). Há muitas maneiras de resolver este desafio. Veja ao lado uma delas.

O castelo (p. 90). Há algumas alternativas. Uma delas é: f, b, a, u, t, p, o, n, c, d, e, j, k, l, m, q, r, s, h, g, f.

As bolinhas de gude (p. 91). O número de bolinhas de gude que John deixou é um quinto do total das bolinhas que os dois tinham ao começar, ou dois quintos da quantidade original. A quantidade original que John tinha acrescida de 20 bolinhas é 6/5. E 20 bolinhas é um quinto da quantidade original. Por isso, cada um começou com 100 bolinhas. Quando o jogo terminou, John tinha 40 bolinhas e Peter, 160.

Os balões (p. 92). Você pode dispor os números de diversas maneiras. Aqui está uma possibilidade: em um braço é 3, 6, 9, 7, 2; no outro braço é 5, 4, 9, 8, 1. O 9 aparece nas duas fileiras.

O vinho (p. 93). No início, o barril *A* continha 33 litros e o barril *B*, 15 litros.

O dominó (p. 94).

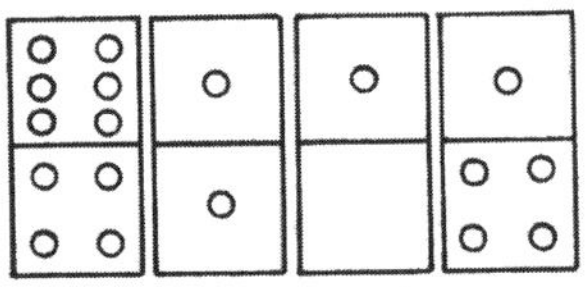

Os primatas (p. 95). Há 5 gorilas, 25 macacos e 70 lêmures.

Depois do jantar (p. 96). Este quebra-cabeça foi criado por Henry Dudeney, da Inglaterra. A figura A mostra o triângulo original e os cinco pedaços que serão cortados. O pedaço 1 é o primeiro dos quatro pequenos triângulos. As figuras B, C e D mostram como os outros três triângulos são formados de alguns dos pedaços.

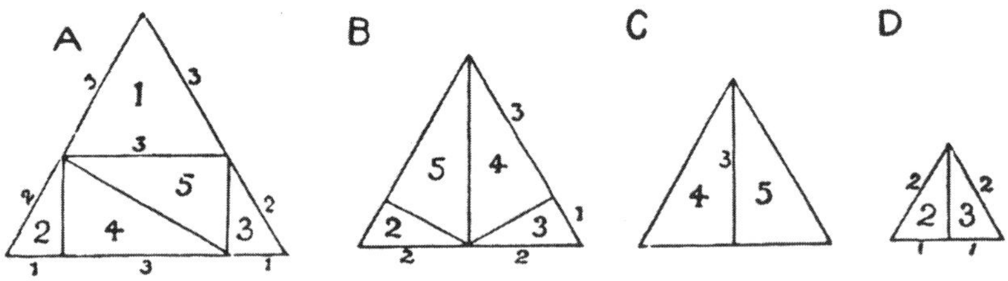

O funileiro (p. 97).

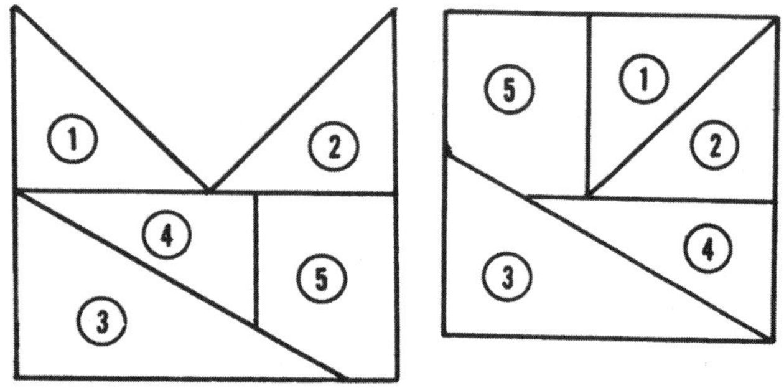

O cachorro-quente (p. 98). O desenho explica tudo!

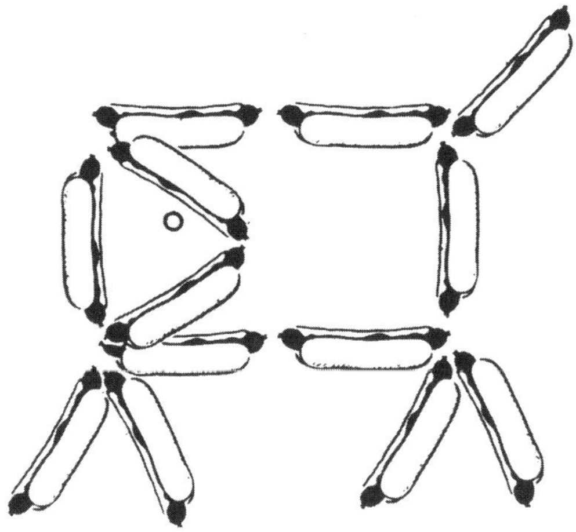

A experiência (p. 99). Jimmy não vai queimar o tapete de casa nem ter dificuldades para achar o que fazer com seu HIJLMNO. Ele está brincando com a mãe. O composto deve ser lido de H para O, ou H_2O, ou água, já que o nome está contido nas letras do alfabeto de H a O.

Os triângulos (p. 100). Retire as barras indicadas pelas linhas pontilhadas. Você obterá quatro pequenos triângulos e um maior. Ninguém falou que os triângulos deveriam ter o mesmo tamanho!

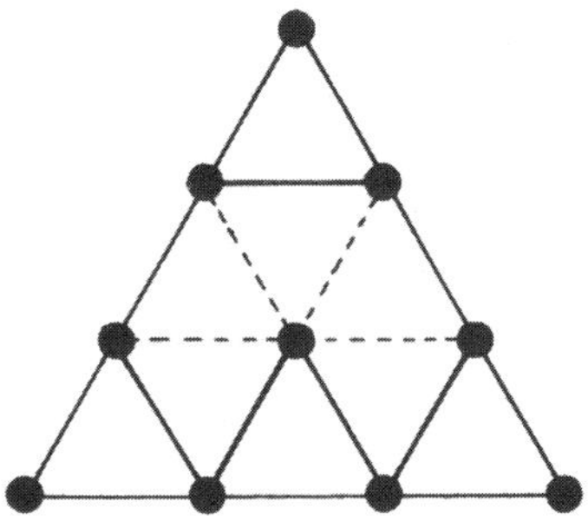

A touca pensante (p. 101). A dica para a progressão é dobrar o número e somar 1. Então, 2 vezes 5 mais 1 = 11; 2 vezes 11 mais 1 = 23; 2 vezes 23 mais 1 = 47, que é a resposta.

As estrelas de cinema (p. 102). Este quebra-cabeça é difícil. Ima tem 27 1/2 e Sucha tem 16 1/2. Para chegar a essa resposta, você tem de ir para trás. Não é fácil e cometem-se muitos erros. Quando Sucha estava com 5 1/2 anos, Ima estava com 16 1/2. Quando Sucha tiver três vezes sua idade atual (16 1/2), ela terá 49 1/2 anos. Metade disso é 24 1/2, e, quando Ima tinha essa idade, Sucha estava com 13 3/4. Então, a idade de Ima é o dobro disso, ou 27 1/2.

As estátuas (p. 103). Parece que Calvin teve prejuízo no negócio. Seu lucro com a primeira estátua foi de R$ 18,00. (Ao dividir R$ 198,00 por 11, você terá os 10 % de lucro.) No entanto, os 10% que ele perdeu com a segunda estátua chegam a R$ 22,00. (Ao dividir R$ 198,00 por 9, você terá os 10% de perda.) Assim, R$ 22,00 de prejuízo menos R$ 18,00 de lucro é igual a R$ 4,00 de prejuízo no total.

As câmeras (p. 104). A distribuição se deu da seguinte forma: Fernando recebeu 94 ¼ de câmeras; Sílvio, 74 ¼; Plínio, 41 ¼; e Bruno, 23 ¼ câmeras. Você vai perguntar como é possível ter ¼ de câmera. Eles pegaram a câmera que valia menos, desmontaram e dividiram as peças entre si.

O livro-caixa (p. 106). Não há nenhuma razão pela qual as somas das duas colunas do livro-caixa tenham de ser iguais. A soma dos balanços do lado direito do livro-caixa não tem nada a ver com a soma dos valores sacados das contas.

O tabuleiro (p. 107). A branca move e vence: (26 para 22), (18 para 25), (21 para 17), (14 para 21), (19 para 16), (12 para 26), (27 para 31). A preta está completamente bloqueada e perde o jogo.

A prancha (p. 108). Corte as linhas pontilhadas e reorganize como se vê abaixo.

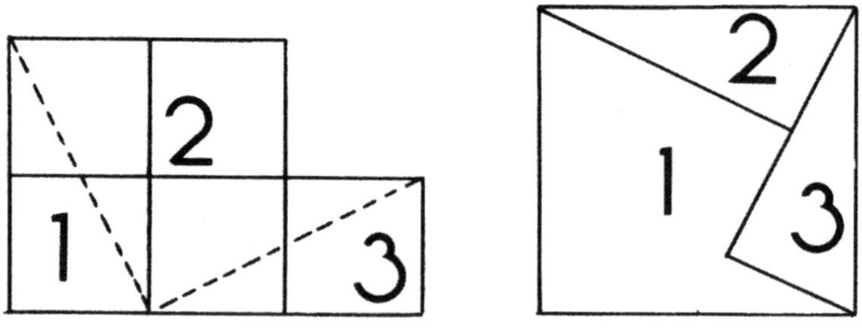

A linha (p. 109).

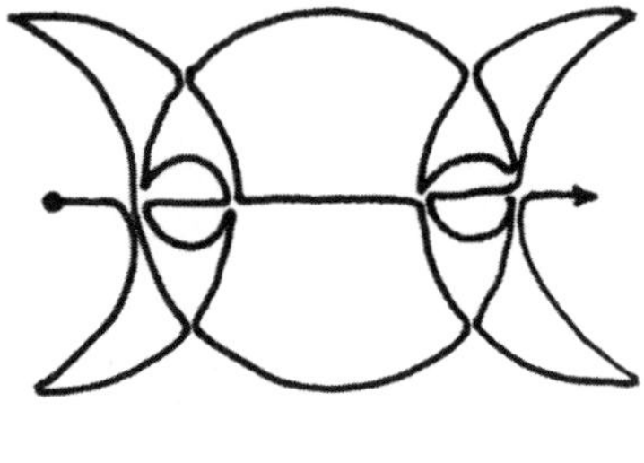

Os sacos de farinha (p. 110). Na primeira prateleira, troque os sacos (7) e (2). Você tem agora um único saco (2) e um par (78). Multiplicando um pelo outro, temos 156. Movemos, então, um único saco (5) e o trocamos pelo saco (9), que está no meio da prateleira. Os números na prateleira do meio formam 156. Por fim, tiramos o saco (9) do meio da prateleira e o colocamos na terceira prateleira no lugar do saco (4) no par. O saco (4) vai para a direita, onde passa a ser um único saco. Agora, na terceira prateleira temos (39) vezes (4), que nos dá um produto igual a 156. Conseguimos isso movendo apenas cinco sacos.

Os copos (p. 111). Antes de tirar o copo, acenda o segundo palito de fósforo. Com o palito aceso acenda o fósforo que está seguro pelos dois copos. Quando esse fósforo acender, espere um ou dois segundos e apague a chama. Logo em seguida, o fósforo deve se fundir ao vidro. Agora, você pode tirar o outro copo que o fósforo ficará suspenso no ar. Foi assim que Wellington ganhou a aposta.

O túmulo (p. 112). Segundo a inscrição, a sra. Sarah Fountain morreu antes do marido. Nesse caso, como poderia ter sido uma viúva?

As ferramentas (p. 113). Nove arruelas têm o mesmo peso que uma porca.

A idade (p. 114). Magda tem 30 anos e sua irmã Verônica, 10 anos.

O xadrez (p. 115).

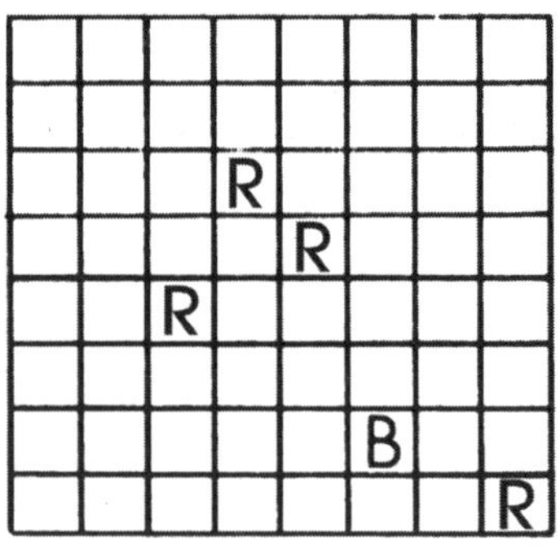

Antigüidade (p. 116). Pode haver outras soluções para este enigma, mas esta é a única que conhecemos.

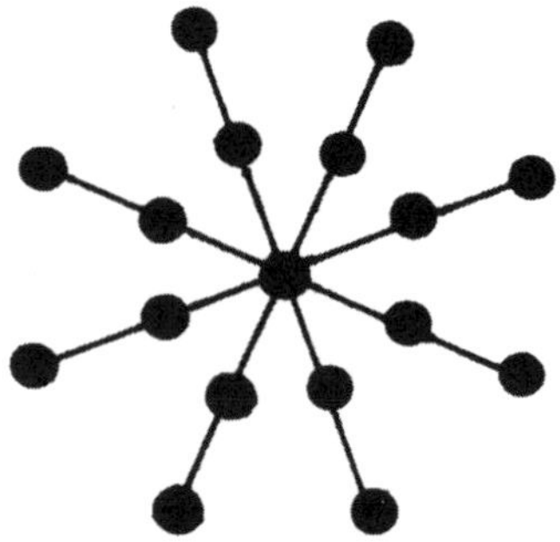

Arqueologia (p. 117). O menor número de blocos necessários é 128. Cada cubo tem quatro blocos de lado (4 × 4 × 4 = 64). Ele forma a base com oito blocos de cada lado (8 × 8 = 64). Isso atende à exigência de que o lado da base tenha o dobro do comprimento do lado do cubo.

Os números (p. 118).

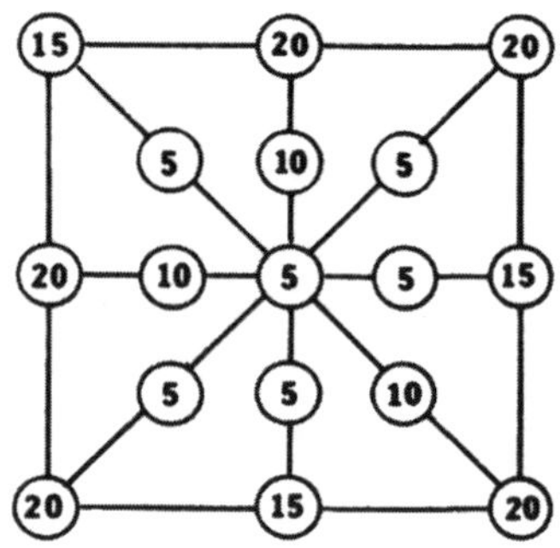

Os pontos (p. 119).

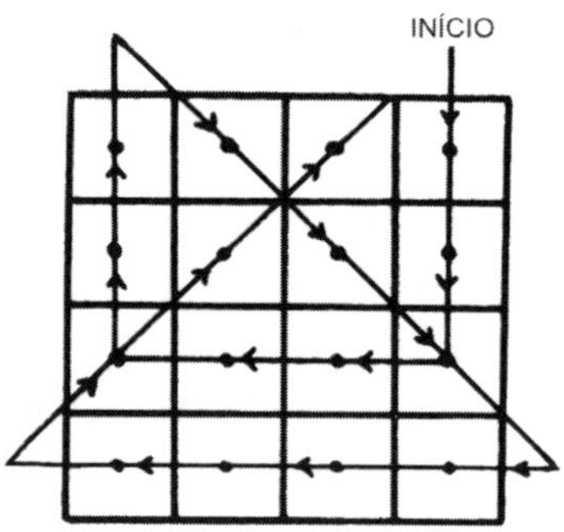

O papel voador (p. 120). Se você for apostar neste desafio, é melhor que a sua primeira aposta seja alta, porque essa solução só vai funcionar uma vez. Apenas pegue a folha de papel *A* e amasse-a para formar uma bola. Quando solta, a bola de papel cai direto no chão enquanto a folha *B* vai flutuando devagar.

O quadrado mágico (p. 121).

16	3	2	13
5	10	11	8
9	6	7	12
4	15	14	1

O navio a vapor (p. 122). A próxima vez que os três navios deixariam Nova York no mesmo dia seria dentro de 240 dias. O número de dias que cada um completaria, ida e volta, seria o mínimo múltiplo comum de 12, 16 e 20. Quanto ao número de idas e voltas de cada navio nesse período, o primeiro navio faria 240 : 12 = 20 viagens; o segundo navio faria 240 : 16 = 15 viagens; e o terceiro navio faria 240 : 20 = 12 viagens.

A barra de ouro (p. 123): O menor número de peças possível para cortar a barra é cinco. As peças medem 1, 2, 4, 8 e 16 cm cada uma. Com uma combinação dessas cinco peças, Patrick sempre vai poder acrescentar um centímetro de ouro à sua conta diária na taverna. No fim de fevereiro e nos meses com apenas 30 dias, ele pode usar as sobras de ouro para dar gorjetas aos garçons e às dançarinas. De fato, um homem de muita classe!

As galinhas (p. 124). Num dia comum, Amy e Bessie faturavam, respectivamente, R$ 10,00 e R$ 15,00 — de um total de R$ 25,00. Quando Bessie levou as 60 galinhas para o mercado, tudo ia muito bem até ela vender as galinhas de Amy. Quando duas galinhas suas e mais três de Amy foram vendidas, ela teve de vender as dez galinhas que restaram e que lhe pertenciam. Como as cinco galinhas de Bessie valiam R$ 2,50 reais, ela perdeu 50 centavos em cada uma das duas últimas transações. Esperamos que Bessie consiga convencer Amy de que ninguém a enganou.

A progressão (p. 125). A chave da progressão é o número 3. Você tem de subtrair 3, dividir por 3, somar 3, dividir por 3, somar 3 etc.

Começando pelo buraco nº 1, subtraímos 3 de 12 e ficamos com 9, o resultado do buraco nº 2. Dividimos 9 por 3 para obter 3, o resultado do buraco nº 3. Em seguida, somamos 3 e 3 para obter 6, o resultado do buraco n° 4. Agora, subtraímos 3 de 6, e 3 é o resultado do buraco nº 5. Então, dividimos 3 por 3 e obtemos 1, o resultado do buraco de n° 6. Por fim, para o buraco n° 7, somamos 3 mais 1 para obter 4, que é a resposta do desafio.

A moeda (p. 126). O menor número de moedas necessário para cobrir os custos de quaisquer itens entre 1 centavo e 1 real é 9. As moedas são: quatro moedas de 1 centavo, uma moeda de 5 centavos, duas moedas de 10 centavos, uma moeda de 25 centavos e uma moeda de 50 centavos.

O logotipo (p. 127). Primeiro, dobre uma folha de papel como mostramos na figura 1. Então, desenhe as três linhas de união. Em seguida, sem mover a caneta, desdobre o papel como na figura 2. Agora, você pode completar o logotipo sem passar por cima da linha mais de uma vez e sem erguer a caneta do papel.

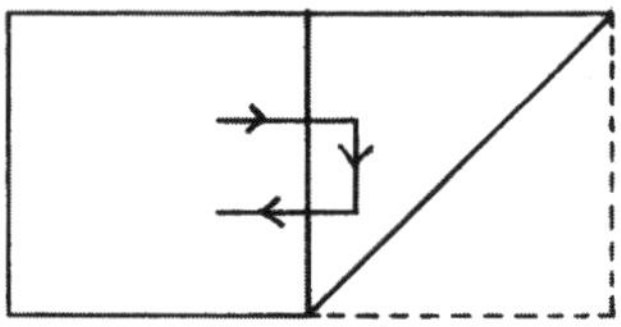
Figura 1

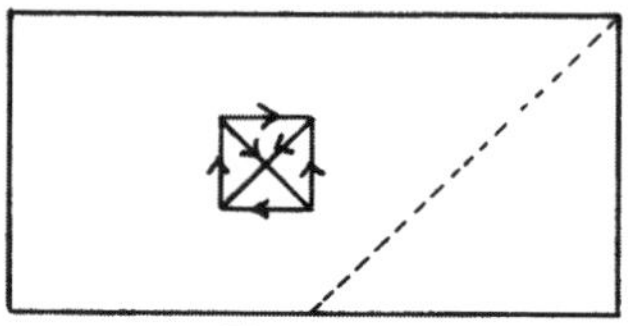
Figura 2

O tapete (p. 128). Primeiro, ele cortou as linhas pontilhadas, como mostra a figura 1. Depois, moveu a metade superior do tapete para baixo e para a esquerda, coincidindo perfeitamente com a metade inferior do tapete (figura 2). Alguns pontos bem dados com agulha e linha e Abdul terá conseguido um tapete perfeito antes que o Sol se ponha.

Figura 1

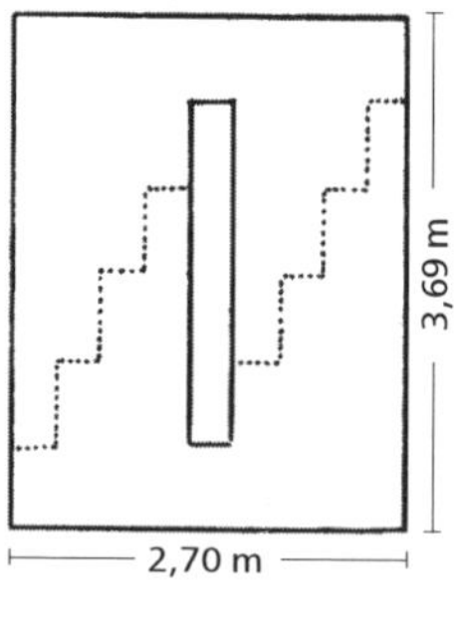

Figura 2

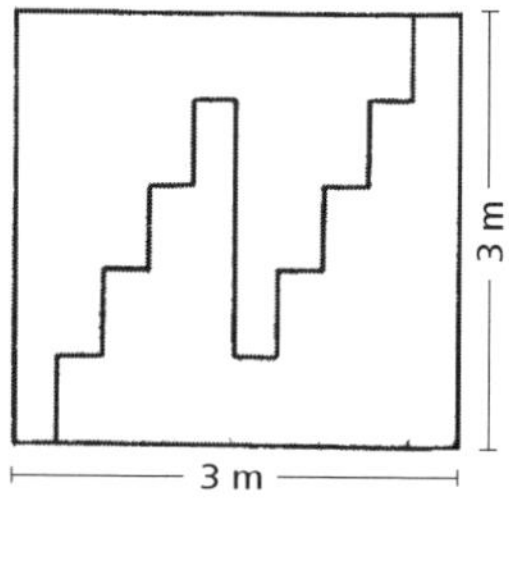

O relógio (p. 129). Numa das soluções, o tempo que Waldo teria de esperar seria uma hora e meia. Isso se ele tivesse sido despertado por uma batida única às 12:15, seguida por batidas únicas às 12:30, 12:45, à 1:00, 1:15, 1:30 e 1:45. Quando ele ouviu a sétima batida única consecutiva, sabia que era 1:45. Na outra solução, Waldo poderia ter sido acordado pela última batida das 12 horas. Nesse caso, teria de esperar uma hora e três quartos para saber ao certo que horas eram.

A caixa de brinquedos (p. 130). O comprimento era 12 polegadas, a largura, 10 polegadas, e a altura, 8 polegadas.

Os esportes (p. 131). Os esportes são: CRÍQUETE, FUTEBOL, FUTEBOL AMERICANO, VOLEIBOL, TÊNIS, CORRIDA, TIRO AO ALVO, ARCO E FLECHA, HÓQUEI, IATISMO, SKATE, PESCA, CICLISMO, BALONISMO, BEISEBOL, MALHA, HANDBALL, RUGBY e NATAÇÃO.

O rei (p. 132). O rei era Davi. Em algarismos romanos 500 é D. A primeira de todas as letras é A, e o primeiro de todos os números é I. Por fim, cinco no meio é V. Junte tudo e você terá DAVI.

A corrida de cavalos (p. 133). O professor deveria ter apostado o seguinte: R$ 12,00 em Sway Belly, R$ 15,00 em Tia Sara, R$ 20,00 em Thunder Hooves. Mas se outro cavalo qualquer chegasse primeiro, o professor se daria muito mal.

A rota (p. 134). Esta é a solução que conhecemos. Pode haver outras.

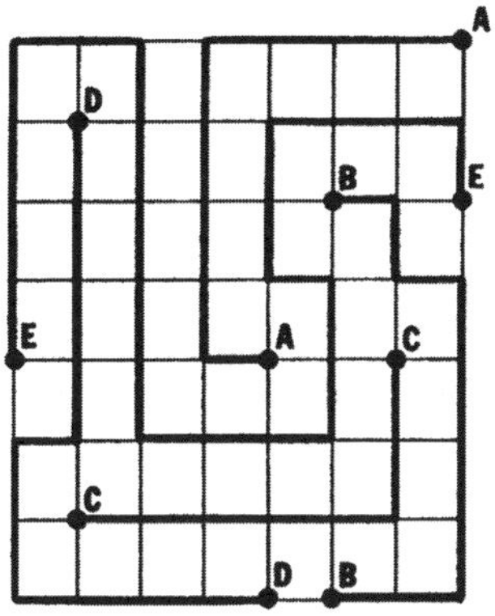

O jogo da amarelinha (p. 135). O que torna este desafio tão difícil é que você precisa começar no ponto *X* ou no ponto *Y*. Quer arriscar uma vitória aqui?

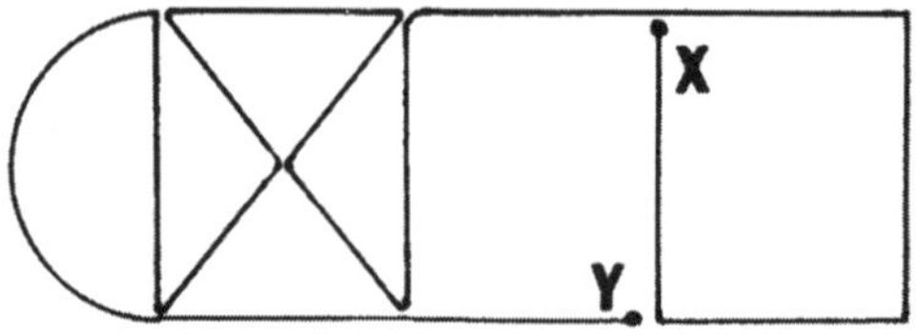

Os palitos de fósforo (p. 136). Se usarmos os palitos de fósforo para formar um triângulo retângulo, a área interna do triângulo será 8 cm vezes 6 cm divididos por 2, o que dá 24 cm^2: (8 cm × 6 cm : 2 = 24 cm^2). Colocando quatro palitos para dentro, como vemos no diagrama, perdemos 12 cm^2 de área, o que nos deixa com uma área interna de 12 cm^2, a solução esperada.

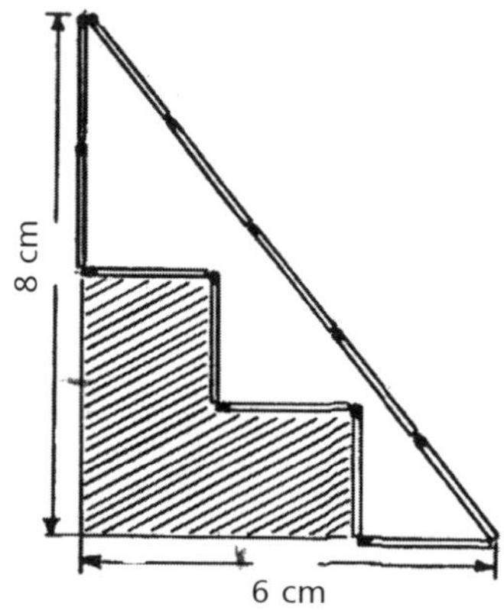

Os círculos (p. 137). Substitua as seguintes letras pelos números: a = 2; b = 11; c = 8; d = 1; e = 14; f = 4; g = 13; h = 5; i = 9.

O pão (p. 138). Como o pão foi consumido igualmente pelos três homens, cada um comeu 2 2/3 pedaços. O que significa que o nativo que tinha três pedaços inicialmente apenas deu 1 1/3 de pão a Maciel, enquanto o nativo com cinco pães deu 2 1/3. Então, esse nativo deu sete vezes mais do que o primeiro, por isso merecia as sete moedas, enquanto o primeiro ficaria com apenas uma. Essa é uma solução justa para o problema. Se os nativos chegaram ou não a ela, jamais saberemos.

O cofre (p. 139). O dono do cofre devia ter mesmo uma memória péssima, se não conseguiu se lembrar de 37 — 37 — 37.
37 x 3 = 111; 37 x 6 = 222; 37 x 9 = 333.

A transposição (p. 140). Os movimentos são: 10 para 5, 1 para 8, 11 para 6, 2 para 9, 12 para 7, 3 para 4, 5 para 12, 8 para 3, 6 para 1,

9 para 10, 7 para 6, 4 para 9, 12 para 7, 3 para 4, 1 para 8, 10 para 5, 6 para 1, 9 para 10, 7 para 2, 4 para 11, 8 para 3, 5 para 12.

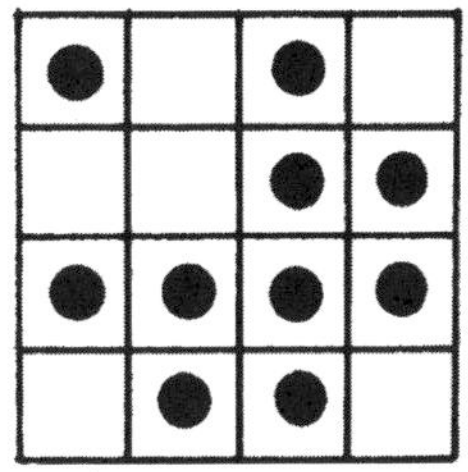

As fichas de pôquer (p. 141). As fileiras mais uniformes que conhecemos são cerca de 16. O desenho à direita mostra as posições. É possível dispor as fichas de outra maneira, mas os resultados não serão os mesmos.

O quadrado (p. 142).

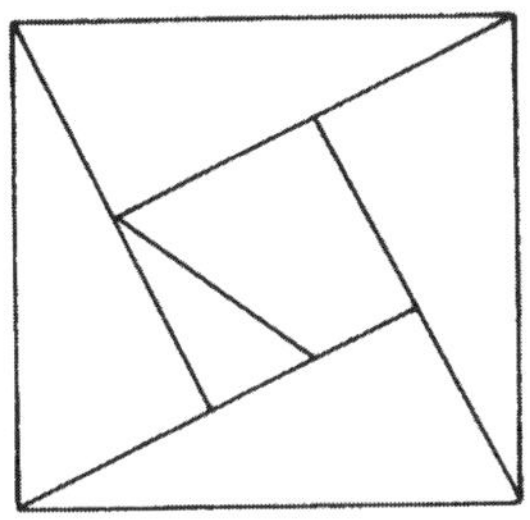

O que é, o que é (p. 143). A letra *n*; carro de polícia; um processo judicial.

A pirâmide (p. 144). Primeiro, acenda o quarto palito de fósforo e depois use-o para acender os outros três. Rapidamente, apague os quatro palitos. Você verá que a cabeça dos palitos que formam a pirâmide se fundirão e você poderá erguê-los facilmente da mesa com o quarto palito.

A rolha (p. 145). Encha o copo quase até a boca e, em seguida, coloque a rolha na água. Agora, com cuidado, coloque mais água no copo até que o nível chegue bem próximo da borda. Se você fizer isso com muito cuidado, a tensão superficial do líquido fará com que a água assuma uma forma levemente convexa. A rolha então "flutuará" na curvatura para o centro do copo e ali ficará.

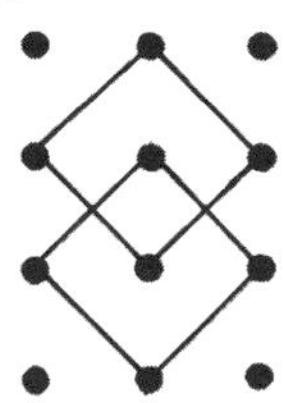

O retângulo (p. 146). É possível desenhar 20 retângulos com os 12 pontos pretos da ilustração. Os dois que quase ninguém encontra são mostrados aqui. Esperamos que você os tenha encontrado.

A mala (p. 147). Os músicos colocavam dois objetos dentro da mala. Na parte da mala que ficava para fora da mesa, eles puseram um bloco de ferro. Do outro lado, puseram um bloco de gelo. O peso do gelo mais o fato de a mala estar apoiada sobre a mesa agem como contrapeso para o ferro. Entretanto, à medida que o gelo derrete, a água é distribuída mais uniformemente por toda a mala, o que faz com que o lado onde está o ferro pese mais e desequilibre a parte da mala que está fora da mesa. Este é, sem dúvida, um dos números de contagem do tempo mais interessantes do mundo do entretenimento.

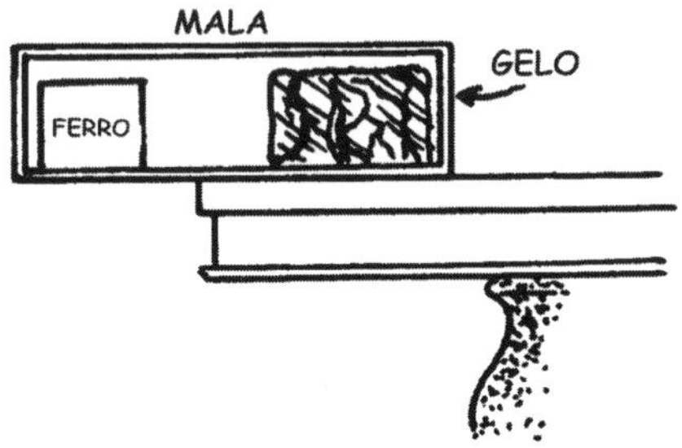

O alfabeto (p. 148).

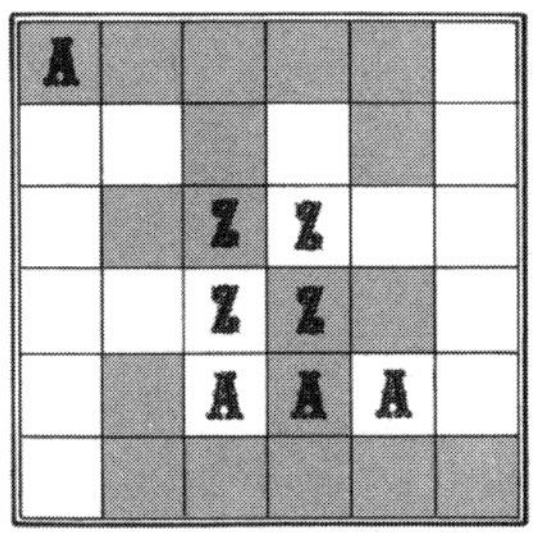

A rede submarina (p. 149). O menor número de cortes necessários para dividir a rede em duas é oito. Comece pela seção A e vá abrindo caminho em direção à seção B.

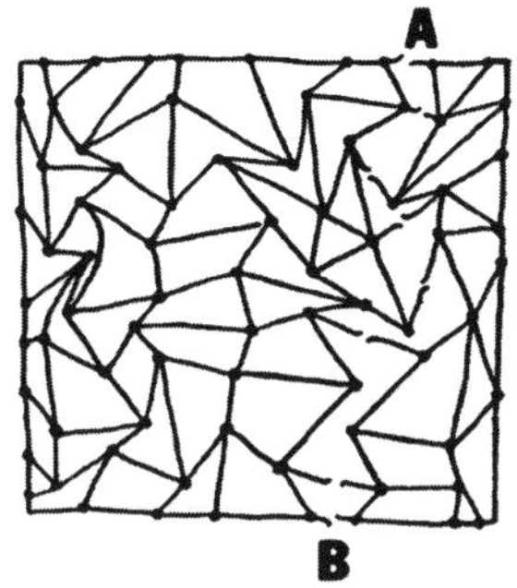

O testamento (p. 150). Esse conde devia ser mais excêntrico do que se imaginava. Parece que ele não deixou *absolutamente nada* para os seus herdeiros.

A máquina fotográfica (p. 151). O vovô convidou 16 parentes para a festa de Natal, e, com um único rolo de filme, a nova supercâmera lhe permitiu tirar 60 fotos.

Os palitos de dente (p. 152). Mude o palito I à direita do sinal de igual para a esquerda, a fim de transformar o sinal de menos em sinal de mais (6 + 4 = 10), ou mude o I do número 6 e forme um sinal de mais no sinal de menos, original (5 + 4 = 9).

As bolas de bilhar (p. 153). Quem fizer as combinações abaixo em quatro tacadas será o vencedor.

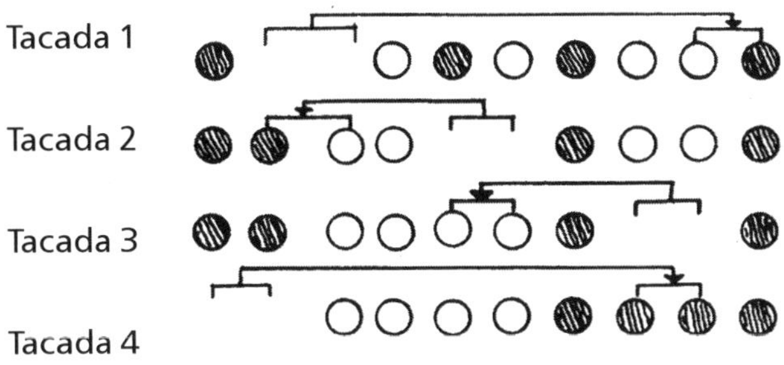

O cachorro de estimação (p. 154). Dobre a alça grande (*b*) como mostra a figura 1 e passe a alça pequena pela extremidade *d*. Agora, pendure o cachorro na argola como mostra a figura 1, deslize a argola até a ponta (*d*) e em seguida até o cachorro. Abra a argola grande e o desafio terminou (figura 2). Uma pista: quando você dobrar a argola grande, apenas curve-a: não amasse. Assim, quando for abri-la, não haverá sinal de que foi dobrada.

Figura 1 Figura 2

O astrônomo (p. 156). Espero que você não entre em órbita antes de solucionar o enigma.

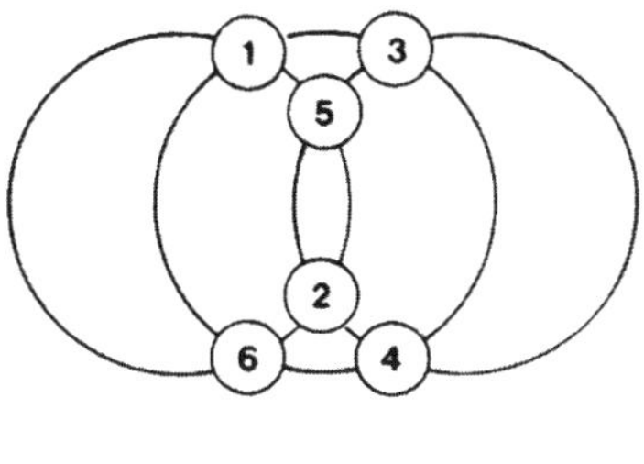

Abracadabra (p. 157). Começando pelo vértice *A*, há dois caminhos para se chegar à fileira de baixo. Mas, se partirmos de um dos dois

B para a fileira seguinte, há quatro caminhos para se alcançar a terceira fileira. Cada fileira seguinte tem o dobro de possibilidades de ser alcançadas, sucessivamente. Há dez passos abaixo do vértice *A*. Então, se você multiplicar 1 x 2, e depois multiplicar o resultado por 2, e em seguida multiplicar o novo resultado novamente por 2 — e se fizer isso 10 vezes seguidas — chegará ao número de possibilidades, que é 1.024. Isso pode ser expresso matematicamente como 2^{10} ou 2 x 2 x 2 x 2 x 2 x 2 x 2 x 2 x 2 x 2.

O jogo de bilhar (p. 158). Nas cinco jogadas, ele encaçapou 8, 14, 20, 26 e 32 bolas.

O deus egípcio (p. 159). Corte onde está indicado na figura 1. A figura 2 mostra como as partes se juntam novamente para formar um quadrado.

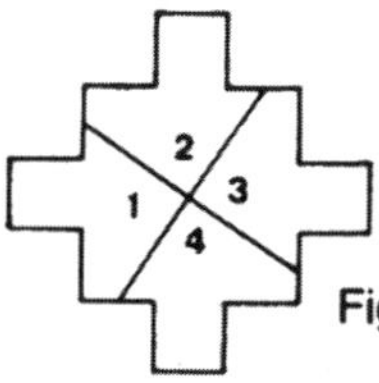

Fig. 1

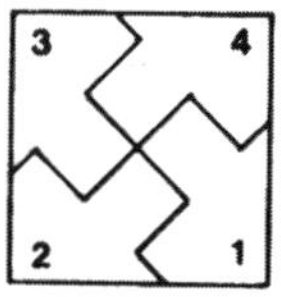

Fig. 2

A idade (p. 160). Ned tinha 60 anos quando se formou. Dizem que ele continua jogando pela Liga Esportiva da Terceira Idade.

Os sete estados (p. 161). Os estados embaralhados são o seguinte:

1) ODOACLOR = COLORADO
2) STTACHESSSUAM = MASSACHUSETTS
3) STAEX = TEXAS
4) AIAICLNFÓR = CALIFÓRNIA
5) AIÓRLFD = FLÓRIDA
6) KAOYNOVR = NOVA YORK
7) AEÓGRGI= GEÓRGIA

O gongo (p. 162). Cruze os cortes para dividir o gongo em cinco partes.

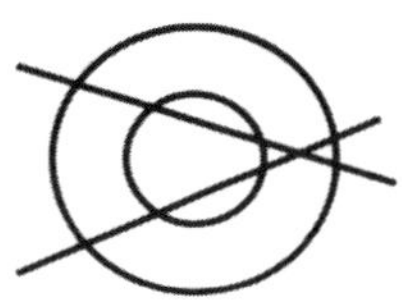

A matemática (p. 163). Para os lavadores de carro, a resposta é:

$$\begin{array}{r} 173 \\ +\ 4 \\ \hline 177 \end{array} \qquad \begin{array}{r} 85 \\ +92 \\ \hline 177 \end{array}$$

O contador de moedas (p. 164). As 50 moedas são: 40 de 1 centavo, 8 de 5 centavos, 2 de 10 centavos, para um total de R$ 0,40 + R$ 0,40 + R$ 0,20 = R$ 1,00.

A loja de doces (p. 165). Rosa comprou os seguintes itens:

14 pés-de-moleque	R$ 0,07
8 pirulitos	R$ 0,08
2 balas de goma	R$ 0,05
1 gota de chocolate	R$ 0,05
25 doces	R$ 0,25

A pipa (p. 166). Há 17 quadrados na pipa. Eles são compostos de 4 quadrados de tamanhos diferentes. O número de cada um é:

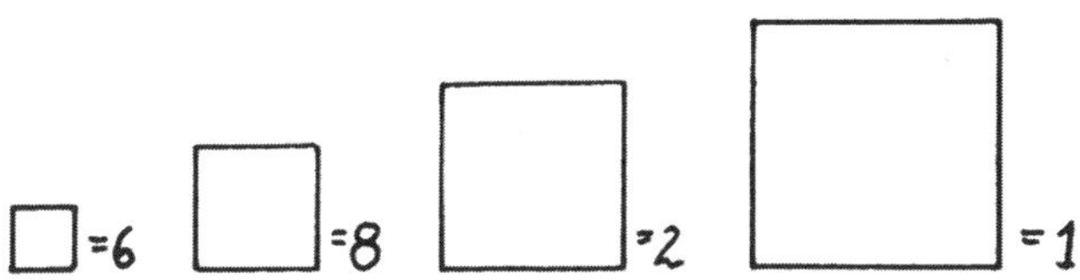

O canudo de refrigerante (p. 167).

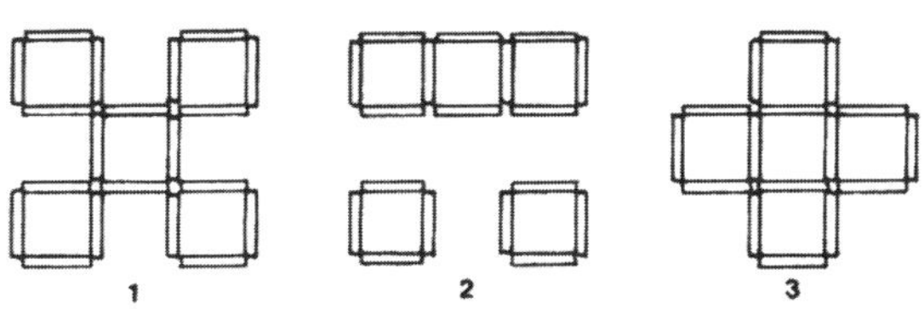

O Papai Noel (p. 168). Esta é uma das 14 soluções possíveis.

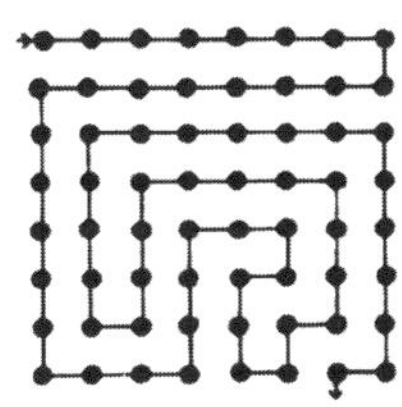

A caixa (p. 169). Para sólidos com superfícies planas e nenhum orifício, a soma dos lados e dos ângulos é o dobro do número de arestas. Porém, a caixa tem 9 lados.

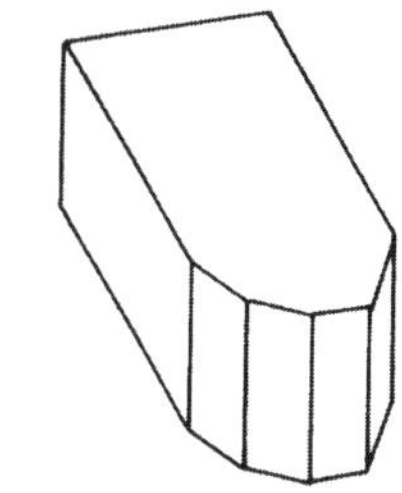

A máquina de adivinhação (p. 170). A palavra que não combina com as outras é CHARCOAL. Elimine essa palavra da lista, e a primeira e a última letra das palavras que sobraram formam o nome de GRETA GARBO.

GAN**G**
REGAT**A**
EDUCADO**R**
TAXICA**B**
AKIMB**O**

O quadrado mágico (p. 171). Esta é uma das várias formas de dispor os números para resolver este interessante problema.

4	1	3	0	2
3	0	2	4	1
2	4	1	3	0
1	3	0	2	4
0	2	4	1	3

O passeio do cavaleiro (p. 172).

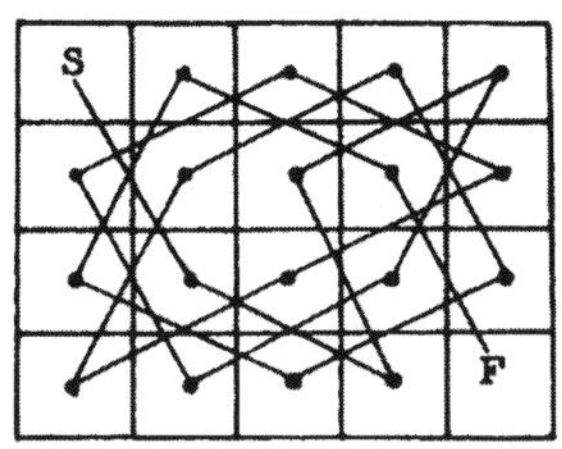

A linha (p. 173).

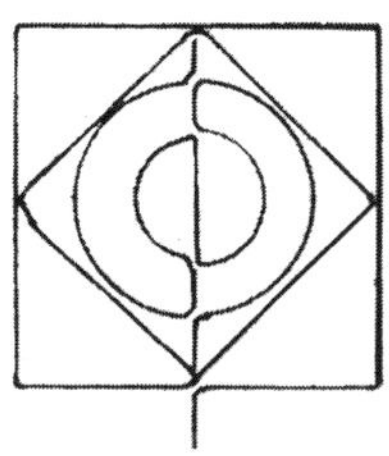

A cruz (p. 174). 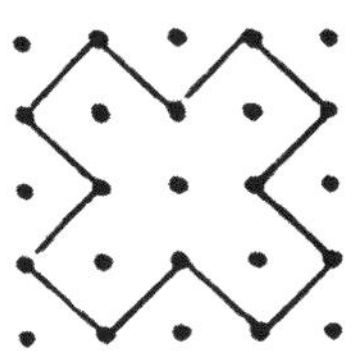

A corrida (p. 175) Harry, Larry, Barry e Parry poderiam percorrer 1 km em 1/6, 1/9, 1/12 e 1/15 de hora, respectivamente. Porém, eles poderiam dar a volta uma vez em 1/18, 1/27, 1/36 e 1/45 de hora, respectivamente. Isso lhes permitiria que se encontrassem pela primeira vez em 1/9 de hora (6 2/3 minutos). Quatro vezes 6 2/3 são 26 2/3 minutos, que é o tempo que levaria para eles se encontrarem pela quarta vez.

O brinquedo de armar (p. 176).

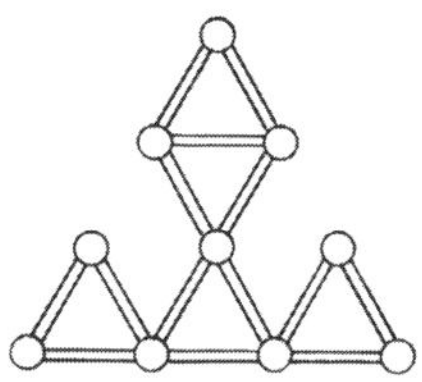

O ovo (p. 177). Para começar, cozinhe o ovo previamente. Espete os dois garfos na rolha em ângulos de 60 graus, como mostra a figura. Desbaste o fundo da rolha de modo que ela se ajuste sobre a parte larga do ovo. Agora, pegue o ovo, com a rolha e os garfos sobre ele, e ponha-o sobre a ponta da bengala. Com um pequeno ajuste, você vai conseguir equilibrar tudo isso, chegar até a mesa e colher os louros da vitória.

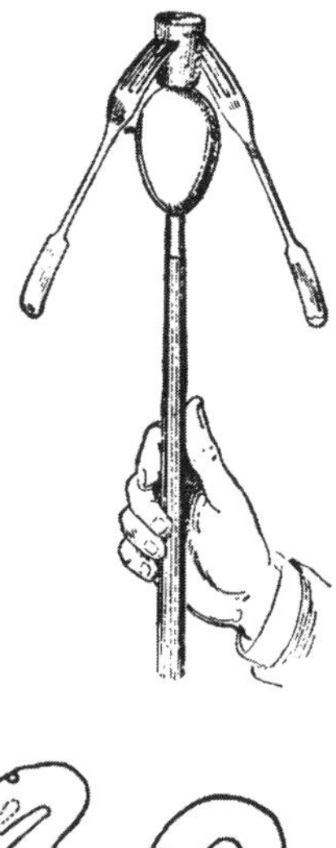

A serpente (p. 178). Este enigma foi inventado pelo grande charadista inglês Henry Dudeney, no início do século 20. Diferente da maioria dos quebra-cabeças com linhas, esta figura não pode ser desenhada com uma única linha contínua. São necessárias 12 linhas para completá-lo. Este quebra-cabeça pede a

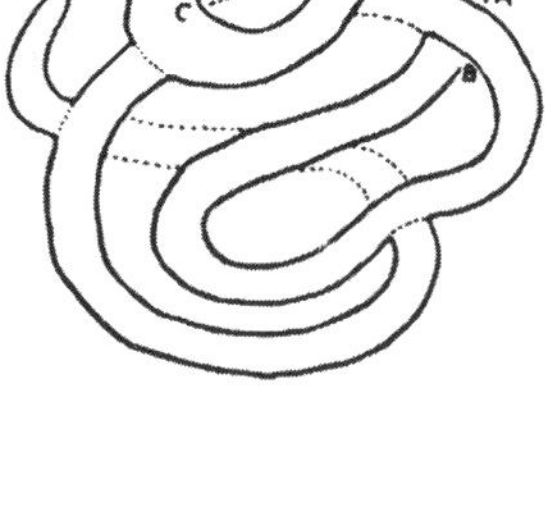

linha mais longa. No desenho na página anterior, a resposta é a linha que começa em *A* e termina em *B*. As outras 11 linhas estão pontilhadas. A linha pontilhada *C-D* é menor que a linha contínua *C-D*, e não foi usada. Este é um enigma diferente.

O puxa-puxa (p. 179). Como este desafio é muito difícil, acho que a sra. Jacque ainda ficou com alguns puxa-puxas. Veja como ele se resolve: divida os 21 tabletes para que fiquem cinco em cada uma das nove linhas. Cada um deles aparece em mais de uma linha.

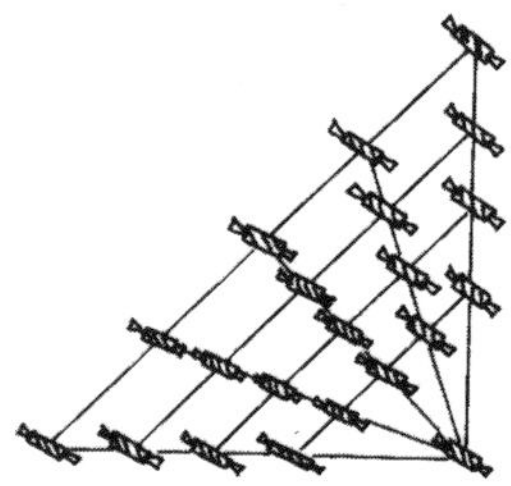

A transposição (p. 180). Esta é a resposta: de 1 a 4, de 7 a 1, de 6 a 7, de 5 a 6, de 3 a 5, de 2 a 3, de 1 a 2, de 7 a 1, de 6 a 7, de 5 a 6, de 3 a 5, de 2 a 3, de 1 a 2, de 7 a 1, de 4 a 7.

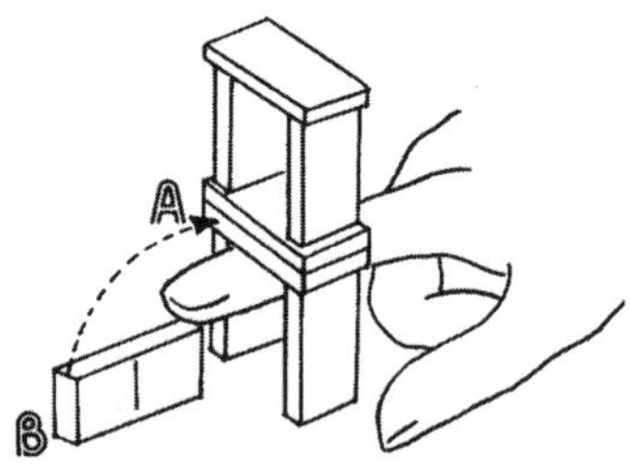

O dominó (p. 181). Esta resposta é incrível. Coloque o dominó B de lado, na frente da torre. Posicione-o de modo que, quando ficar em pé, ele encoste no dominó A. Passe o seu dedo indicador pelo arco da torre. Encoste o dedo na ponta do dominó B. Aperte com firmeza para baixo até que ele "salte" para cima e bata no dominó A. O dominó A sairá da torre. As peças que estão em cima cairão das duas que estão em pé e a torre não desmoronará. Você vai precisar treinar um pouco para conseguir.

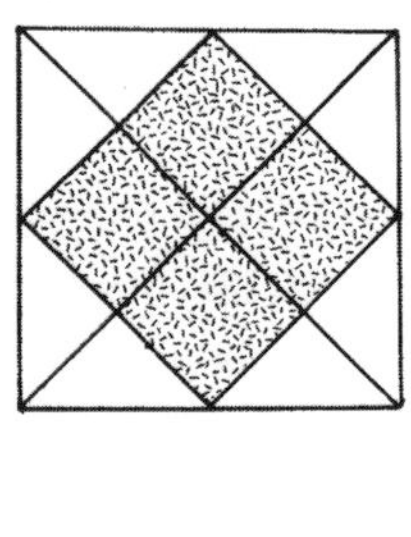

O executivo (p. 182). A figura diz tudo. Você pode encontrar esta resposta recortando oito quadrados, todos do mesmo tamanho. Em seguida, corte quatro quadrados ao meio, na diagonal, para formar os triângulos.

O herói (p. 183). Esta é a resposta do herói:

$$\begin{array}{r} 98.765 \\ +1.234 \\ \hline 99.999 \end{array}$$

Os besouros (p. 184). Existem 5.040 maneiras diferentes de combinar as letras LADYBUG (7 x 6 x 5 x 4 x 3 x 2 x 1 = 5.040).

O esquiador (p. 185). A estrela de seis pontas é a grande campeã. Ela tem seis triângulos pequenos e dois grandes.

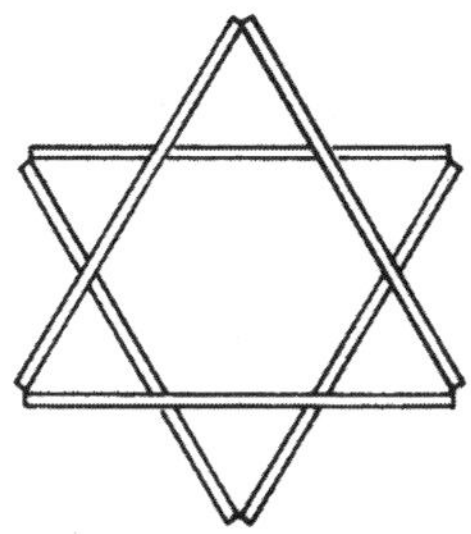

A cerca (p. 186) Olhando-se a cerca da estrada, cada trecho de 3 metros começa em um mourão à esquerda. Todos menos o último trecho à direita, que começa no mourão da esquerda e termina no mourão da direita. Antônio deveria ter comprado 34 mourões de cerca, e não 33. O resto do pedido está correto.

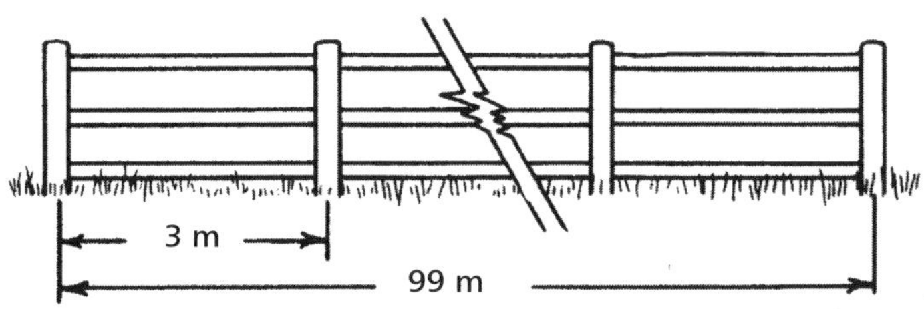

A festa (p. 187). A solução começa no prato 1, que está perto da mão do menino: mova-se de 1 para 4, de 5 para 8, de 9 para 12, de 3 para 6, de 7 para 10 e de 11 para 12. Continue ao redor da mesa até o prato 1. Agora, você já terá dado três voltas na mesa. É fácil resolver este problema em quatro voltas. Qualquer solução com apenas três voltas será a vencedora.

As baterias (p. 188). Esta é uma maneira de resolver este enigma eletrizante.

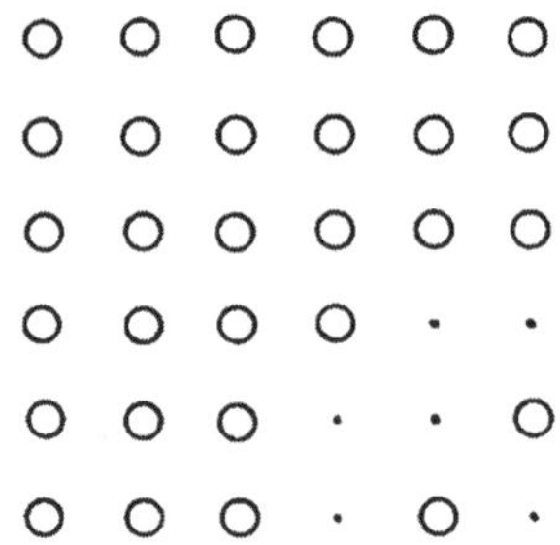

Os ursinhos de pelúcia (p. 189). Elas começaram a vender três ursos por R$ 10,00. A primeira mulher vendeu 30 ursos por R$ 100,00; a segunda, 24 ursos por R$ 80,00; e a terceira, 21 ursos por R$ 70,00. À tarde, elas mudaram o preço e passaram a vender um urso por R$ 10,00. A primeira mulher vendeu seus últimos três ursos a R$ 30,00; a segunda, os cinco restantes por R$ 50,00; e a terceira, os seus seis últimos ursos por R$ 60,00. Portanto, cada uma delas faturou R$ 130,00.

O relógio (p. 190). A resposta é 11 vezes. A cada hora, eles se encontram cerca de cinco minutos depois da hora anterior. Começando pelo meio-dia, as próximas vezes que eles se encontrarão são 1:05, 2:10, 3:16, 4:21, 5:27, 6:32, 7:38, 8:43, 9:49, 10:54 e 12:00.

O robô (p. 191). O que você vê a seguir é a solução apresentada pelo mecanismo interno de Robbie.

A tábua (p. 192). João ganhará o dia se fizer os cortes indicados nas linhas pontilhadas na figura 1, da próxima página. Ele poderá puxar a peça de cima para baixo, e para a direita, e assim formar uma folha inteira como mostra a figura 2, a seguir.

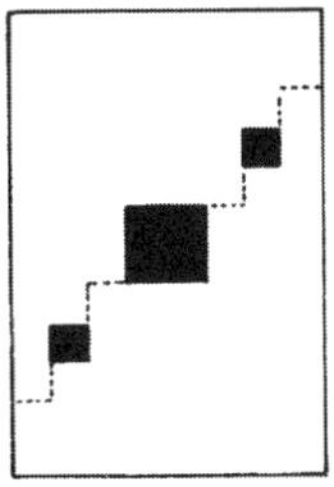

Fig. 1

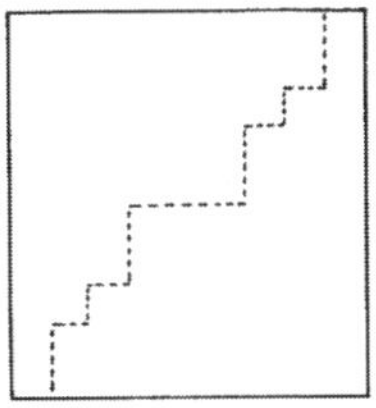

Fig. 2

Biscoito para cachorro (p. 193). Não adianta dar uma de cachorro e latir se não conseguiu resolver.

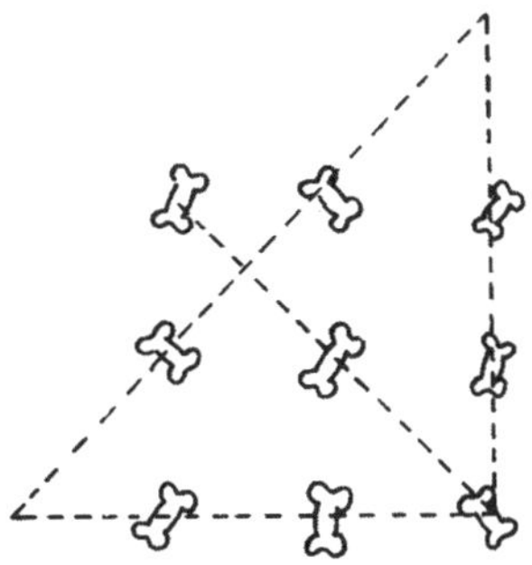

O carrossel (p. 194). Primeiro, mova numa única direção. Segundo, depois que virar a moeda para cima, pule a moeda seguinte antes de recomeçar a contar.

O bonde (p. 195). É possível reduzir a distância das inspeções para 19 km. Ele só precisaria passar por duas linhas duas vezes. Nossa solução começa com ele partindo da estação *E*. A viagem é a que segue: *E, I, J, K, J, F, B, C, B, A, E, F, G, H, D, C, G, K, L, H*. As duas linhas pelas quais ele passaria duas vezes são *JK* e *BC*. Você pode mudar essa rota, mas nunca encurtá-la.

O vidro de perfume (p. 196). Primeiro, meça a altura do líquido no vidro. Em seguida, vire o vidro para baixo e meça a altura da coluna de ar dentro do vidro. Some essas duas alturas e obtenha a altura desse cilindro imaginário. Agora, divida a altura do líquido pela altura do cilindro para obter a porcentagem de volume no espaço interior do vidro que está cheio de líquido. Digamos que a altura do cilindro imaginário seja 5 polegadas, e a altura do líquido seja 4 polegadas. Quatro dividido por cinco nos dá 80 por cento, o volume do espaço ocupado pelo líquido.

A progressão (p. 197). Os números pertencem a uma seqüência de 1 a 6. Para se obter o valor de um número, multiplique o número da seqüência pelo seu número anterior. Assim, 2 = 2 x 1; 6 = 2 x 3; 24 = 6 x 4. O sétimo número da seqüência é 5.040 ou 720 x 7.

O concurso (p. 198). O total de moedas no jarro é 2.521.

O jogo de cartas (p. 199). O *slide* seguinte do professor Pepe revelou as seguintes cartas: ás de ouros, rei de copas e dois de espadas.

Os barbeiros (p. 200). Henri prefere cortar o cabelo dos alemães porque fatura o dobro de dinheiro com dois cortes do que com um só! Por ser muito caprichoso, e só haver mais um outro barbeiro na cidade, Henri precisa cortar seu cabelo com Pierre. Mas Pierre não corta o cabelo porque depende de Henri, que está sempre muito ocupado. Então, se você for a essa cidade, corte o cabelo com Pierre.

O número (p. 202).

$$55^5/_5$$

O enfeite de Natal (p. 203). Antes de cortar o barbante, dê uma laçada no meio e dê um nó bem firme. Agora, pegue uma tesoura e corte dentro da laçada. Como você prometeu, cortou o barbante em dois sem estragar o enfeite.

O baralho (p. 204). A explicação é muito simples. A soma do valor da primeira carta com o valor da terceira carta é o que vale a carta do meio. Simples... mas muito, muito bom!

A cruz (p. 205). Esta é a solução pela qual o assistente do reverendo estava procurando.

A pesquisa de mercado (p. 206). Vamos desmembrar os resultados a respeito do consumo de mostarda obtidos pelas Pesquisas Sylvester.

(1) Das 234 pessoas que usavam mostarda forte, 90 só usavam mostarda forte (234 – 144 = 90).
(2) Das 213 pessoas que usavam mostarda suave, 69 só usavam mostarda suave (213 – 144 = 69).

O que significa que temos três grupos de pessoas:
(1) As que só usavam mostarda forte = 90
(2) As que só usavam mostarda suave = 69
(3) As que usavam tanto mostarda forte quanto suave = 144
Total = 303 pessoas.

Os resultados de Sylvester indicam 303 pessoas pesquisadas, mas o relatório indicou que 300 foram entrevistadas. Obviamente as respostas eram falsas, algo que a Companhia de Mostardas Volcano não tolerou.

Água e vinho (p. 207). A resposta é que há tanta água no copo com vinho quanto há vinho no copo com água. A prova é a seguinte:
(1) Digamos que cada copo contenha 100 unidades de líquido e que na colher caibam 10 unidades de líquido.
(2) Com a colher, Percy transfere 10 unidades de água do copo com água para o copo com vinho e mistura os dois.
(3) O copo com vinho contém agora 110 unidades de líquido. Quando Percy enche uma colher com esse líquido, está retirando 1\11 de cada um dos líquidos. Portanto, são 91/11 unidades de vinho e 10\11 unidades de água na colher. Isso é o que ele despeja no copo com água.
(4) O copo com água passa a ter agora 90 10/11 unidades de vinho, dando um total de 100 unidades de líquido.
(5) O copo com vinho contém 90 10/11 unidades de vinho e 91/11 unidades de água — também 100 unidades de líquido.
Uma troca justa!

A prancheta mediúnica (p. 208).

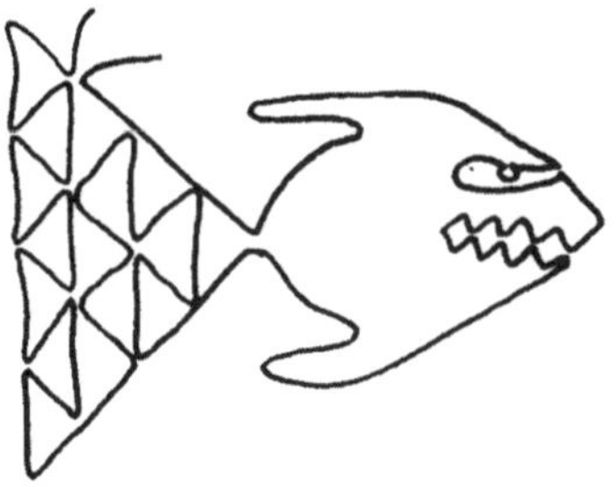

Os quadrados indianos (p. 209). O enigma mede 8 cm de lado. Você vai encontrar os seguintes números de quadrados:

8 x 8 cm	1
6 x 6 cm	4
4 x 4 cm	9
2 x 2 cm	18
1 x 1 cm	8

Total: 40 quadrados

A lata de chocolate em pó (p. 210). O segredo deste mistério é mesmo muito doce. Coloque a lata em ângulo reto sobre a mesa de modo que coincida a quina da lata com a quina da mesa. Posicione a lata a uma largura da caixa distante do canto da mesa (a largura *a* deve ser igual à largura *b*). Agora, coloque uma das extremidades da régua sobre o canto da mesa e meça a distância até o canto superior esquerdo da caixa. Isso deve ser igual à maior linha diagonal da caixa.

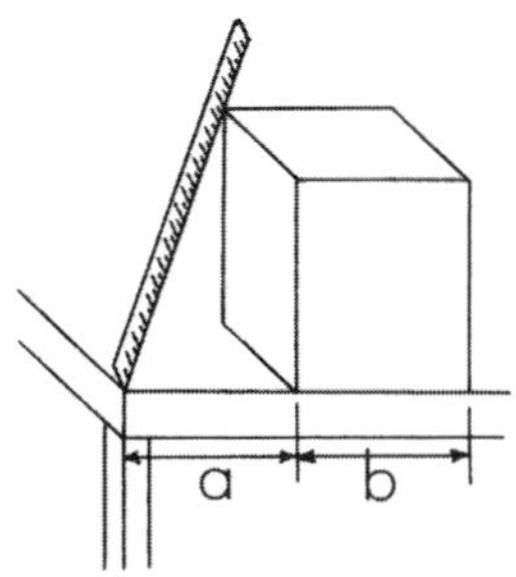

As pedras de dama (p. 211). Os movimentos são: de 2 para 6, de 1 para 5, de 8 para 2, de 7 para 1, de 4 para 8, de 3 para 7, de 10 para 4, de 9 para 3, de 6 para 10 e de 5 para 9.

A banheira (p. 212). Levará exatamente cinco minutos para encher a banheira. Para resolver este desafio, temos antes que dividir o tempo em segundos.

(1) A torneira de água fria leva 400 segundos para encher a banheira, o que nos dá 1/400 da banheira em 1 segundo.
(2) A torneira de água quente leva 480 segundos, o que nos dá 1/480 da banheira em 1 segundo.
(3) A água escoa da banheira em 800 segundos, o que nos dá 1/800 da banheira em 1 segundo.

Se usarmos 4.800 como o denominador comum, chegaremos à equação:

$$\frac{12}{4800} + \frac{10}{4800} - \frac{6}{4800} = \frac{16}{4800} = \frac{1}{300}$$

Isso é igual à quantidade de água acrescentada à banheira a cada segundo. Portanto, levará 300 segundos, ou 5 minutos, para encher a banheira.

O toque (p. 213). Primeiro, ponha duas medalhas encostadas uma na outra sobre a mesa. Depois, coloque mais duas, de modo que as quatros fiquem encostadas. Por fim, coloque a quinta medalha em pé, como a figura ao lado, e as cinco medalhas estarão encostadas. Todas as medalhas precisam ser do mesmo tamanho e ter o mesmo peso.

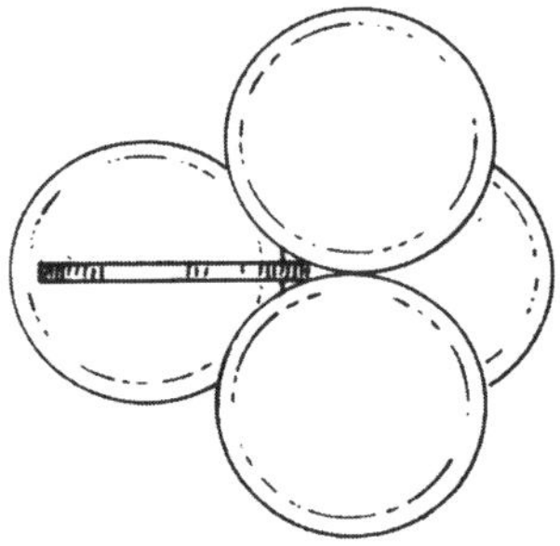

A matemática (p. 214). 123 – 45 – 67 + 89 = 100

O quadrado mágico (p. 215). A resposta é 2, 3 e 1 na primeira fileira; 1, 2 e 3 na fileira do meio; e 3, 1, 2 na última fileira. Ou 3, 1, 2 na primeira fileira; 1, 2, 3 na fileira do meio; e 2, 3, 1 na última fileira.

A escultura (p. 216).

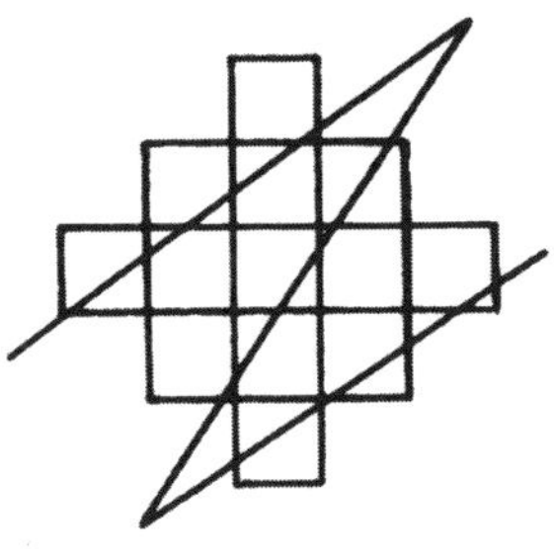

Os portos (p. 217). (1) Los Angeles; (2) Londres; (3) Rio de Janeiro; (4) Lisboa; (5) Charleston; (6) Marselha; (7) Baía de Montenegro; (8) Montevidéu; (9) Brest; (10) Leningrado.

Tiro ao alvo (p. 218). Os três pássaros são 25, 6 e 19.

O zoológico (p. 219).

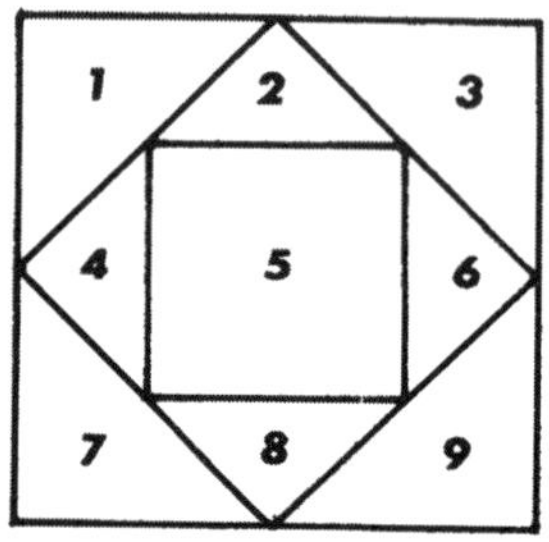

O relógio (p. 220). Há várias repostas, mas a que vemos ao lado é considerada a principal solução a este antigo mas excelente enigma.

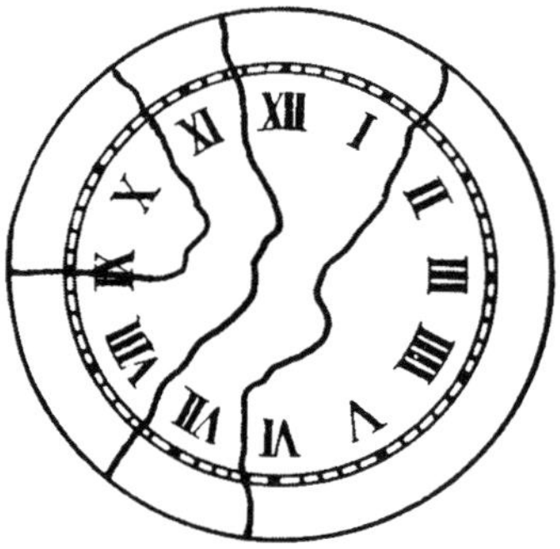

O peixe grande (p. 221). Nós calculamos que a cabeça tinha 18 metros de comprimento, o rabo, 54 metros e o corpo, 72 metros. Mas que história de pescador!

O estado (p. 222). Certamente é o estado do Amapá.

Os dados (p. 223). Antes de pegar os dados, umedeça o dedo indicador direito sem que ninguém perceba. Esfregue esse dedo sobre a face de um dos dados. Agora, encoste o segundo dado na face umedecida e aperte os dois dados um contra o outro com o polegar e o indicador. Continue segurando os dois dados dessa maneira, ponha-os de atravessado sobre o dado que está sobre a mesa e pronto. Os dois dados ficarão colados e equilibrados sobre o terceiro dado. E você marcou outro ponto!

As compras (p. 224). Ela usou uma nota de R$ 50,00; duas de R$ 20,00; uma de R$ 5,00 e quatro de R$ 2,00.

O aperto de mão (p. 225). Serão ao todo 28 apertos de mão. Papai Noel A aperta a mão de outros sete. O Papai Noel B, já tendo apertado a mão do Papai Noel A, só tem outros seis para apertar a mão. O Papai Noel C só tem cinco para apertar as mãos e assim por diante. O número total de apertos de mão é:

$$7 + 6 + 5 + 4 + 3 + 2 + 1 = 28$$

Questão de lógica (p. 226). Todos os números internos no triângulo são encontrados multiplicando entre si os dois números mais próximos dele na linha de cima. Por exemplo: 8 é produto de 2 x 4, 32 é produto de 2 x 16, e assim por diante.

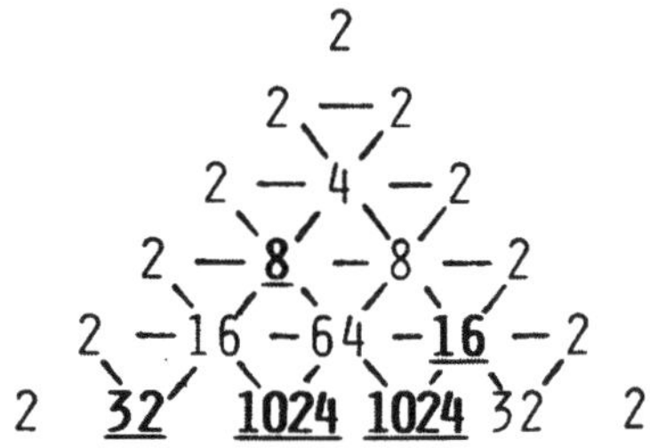

A coroa (p. 227).

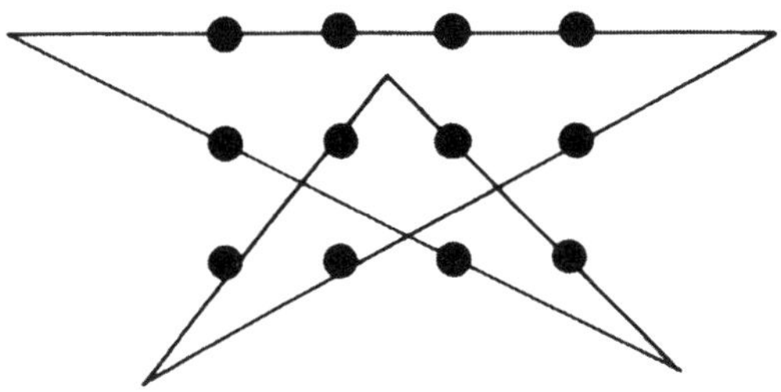

O garçom (p. 228). Aproxime o rosto da moeda e sopre sobre ela. Se você soprar com força, ela sairá do prato. Escolha um prato com uma borda mais rasa.

A mente (p. 229). A resposta é bem simples. O primeiro algarismo do meio de qualquer diferença entre dois números de três algarismos (quando o primeiro número de três algarismos é invertido e o menor é subtraído do maior) sempre será 9. Além disso, o primeiro e o terceiro algarismos sempre somarão 9. Portanto, se o último algarismo for 8, o primeiro só pode ser 1, e o segundo algarismo é, certamente, 9. Sempre dá certo.

H_2O (p. 230). (*a* – *bc*) indica que *a* está se movendo da posição *a* para encostar-se nas outras duas moedas, *b* e *c*. Os movimentos são: (1 – 56), (3 – 14), (4 – 58), (5 – 23) e (2 – 54).

Troca-troca (p. 231).

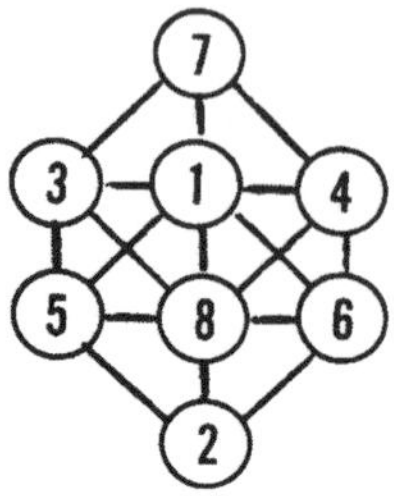

A propriedade (p. 232).

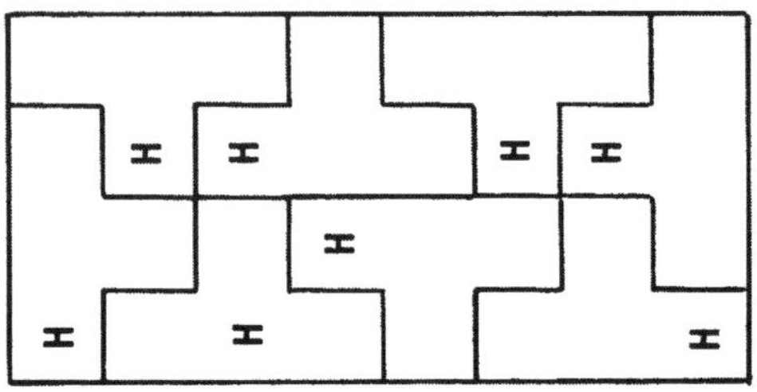

O peso (p. 233) As pesagens são as seguintes: (1) Coloque o peso de 250 g em um prato e o peso de 450 g no outro. Agora, pese 200 g de chá no prato com o peso de 250 g. (2) Retire os pesos, coloque os 200 g de chá no prato e pese mais 200 g de chá. (3) Pese mais 200 g de chá. (4) Pese mais 200 g. O que sobra também pesa 200 g. Para a 5ª, 6ª, 7ª, 8ª e 9ª pesagens, divida cada porção de 200 g em duas porções de 100 g, usando a balança. Outro mistério do Oriente resolvido!

O quadrado místico (p. 234).

20	1	12
3	11	19
10	21	2

O trem (p. 235). A máquina *T* empurra o carro *B* para cima, até *C*. *T* dá a volta e empurra o carro *A* para cima, emparelhando com ele em *B*; T então contorna pela direita e puxa *B* e *A* para o desvio direito. *T* contorna e sobe pelo desvio esquerdo em direção a *C* e empurra A para o trilho principal. *T* deixa *B* no desvio direito, segue para encontrar *A* e empurra *A* para cima, no desvio esquerdo. *T* retorna à posição inicial.

Os misturadores (p. 236).

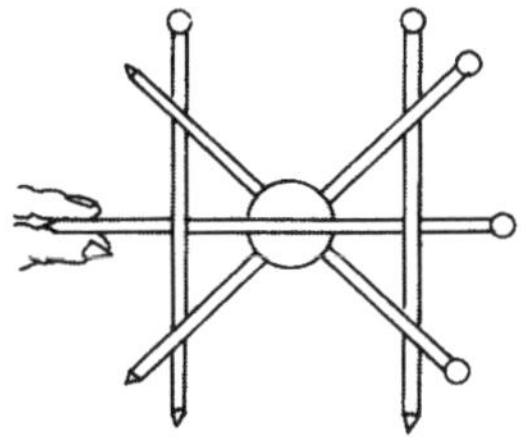

O tempo (p. 237). Em primeiro lugar, o relógio quebrado marcará a hora certa duas vezes ao dia num total de 14 vezes por semana. Já o relógio que atrasa uma hora por dia estará certo apenas uma vez a cada doze dias. Então, quanto à precisão, o relógio quebrado ganhará todas as vezes do relógio atrasado.

A torta (p. 238). A torta pode ser cortada em onze pedaços de tamanhos diferentes.

O dominó (p. 239). A resposta é que você não pode ocupar todo o tabuleiro. Lembre-se que, se um dominó ocupa duas casas, sempre cobrirá uma branca e uma preta. Entretanto, quando cortamos as duas casas das extremidades opostas, eliminamos duas casas da *mesma* cor. Em nosso exemplo, o tabuleiro ficou com 32 casas pretas e 30 casas brancas. Depois que você puser 30 dominós no tabuleiro, restarão duas casas brancas que *não* serão usadas, o que torna impossível ocupá-las com o último dominó. Em qualquer tabuleiro, jamais duas casas da mesma cor ficarão lado a lado.

A barra de chocolate (p. 240). Vamos trabalhar de trás para a frente, a partir dos oito pedaços da barra de chocolate. Como isso representa dois terços do que o terceiro viajante encontrou ao acordar, ele deve ter visto 12 pedaços de chocolate no prato. Então, 12 pedaços de chocolate representariam dois terços do que o segundo viajante viu quando acordou. Havia, portanto, 18 pedaços no prato. Por fim, 18 pedaços representavam dois terços do que o primeiro viajante viu quando acordou. Isso significa que o prato tinha originalmente 27 pedaços de chocolate.

O pneu (p. 241). Tia Berta recomendou ao motorista que tirasse uma porca dos outros três pneus e as usasse para fixar o quarto pneu. Funcionou, e nós conseguimos chegar até a cidade mais próxima. Lá, consertamos o pneu furado e compramos mais cinco porcas.

A forma (p. 242). O objeto é um cilindro curto de madeira com um vão aberto em seu interior.

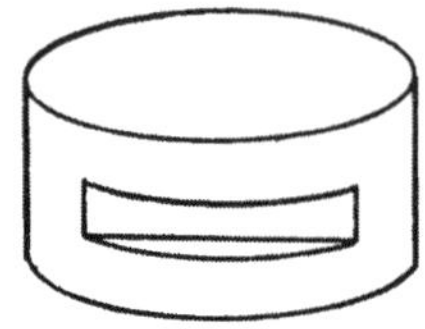

A família (p. 243). Os irmãos Anderson são quatro meninas e três meninos.

O uniciclo (p. 244). A distância entre a casa de Austin e a de sua mãe eram 96 km. Por um lado, se ele pedalasse 24 km por hora durante quatro horas, teria chegado às 4 horas da tarde. Por outro, se pedalasse 16 km por hora durante seis horas, chegaria uma hora atrasado. Então, Austin calculou que a uma velocidade constante de 19 km por hora, durante cinco horas, chegaria exatamente às 5 da tarde.

Os números (p. 245). O último número seria 18. Cada número da fileira debaixo é o quadrado do número que está acima dele, invertido. Por exemplo, o primeiro número da fileira de cima é 4. O seu quadrado é 16. Inverta o número 16 e terá 61, o primeiro número da fileira debaixo. Na última fileira, temos 9 cujo quadrado é 81, que invertido dá 18, a nossa resposta.

A aposta (p. 246). Esta resposta prova que o problema depende de como você o lê. Wellington ignorou a caneta e pegou a folha de papel. Em seguida, rasgou os quatro cantos da folha. Quando terminou, a folha tinha oito cantos, provando que é possível tirar quatro cantos de quatro cantos e ainda ficar com oito.

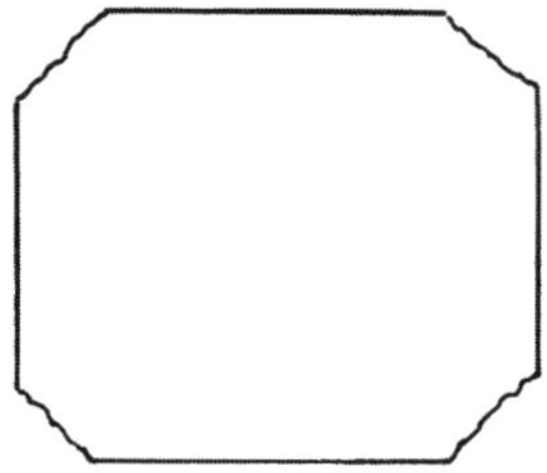

A flutuação (p. 247). Primeiro, encha um copo largo com água até a boca. Em seguida, corte um quadrado em papel de seda que seja um pouco maior que uma agulha de costurar. Em seguida, ponha uma agulha no meio do papel. Delicadamente, coloque o papel com a agulha dentro do copo com água. Um ou dois minutos depois, o papel ficará encharcado e afundará no copo, e a agulha ficará flutuando no meio por causa da tensão na superfície da água. Teremos, então, um sólido objeto de aço flutuando num copo de água.

A flecha (p. 248). Para isso, você só vai precisar de um copo alto, liso e cheio de água. Coloque o copo na frente da flecha desenhada no cartão e veja o que acontece. A água vai funcionar como uma lente e fará com que a flecha fique opticamente invertida. Olhando através do copo, parece que ela está apontando para a esquerda.

O macaco (p. 249). Jocko passa pelas janelas na seguinte ordem: 10, 11, 12, 8, 4, 3, 7, 6, 2, 1, 5, 9. Esse caminho cruza o espaço entre a fileira inferior e a fileira do meio apenas duas vezes.

A areia (p. 250). Acho que o presidente está se divertindo à custa de Henderson. Não há areia nenhuma na vala. Ela está vazia.

O triângulo (p. 251). Há triângulos de quatro tamanhos na figura. O menor tem 7 triângulos. O tamanho seguinte tem 3, o terceiro tem 3 e o maior de todos tem 1. Isso nos dá 14 triângulos ao todo.

A entrada (p. 252). Na placa está escrito: "Empurre para abrir".

A geometria (p. 253). As linhas *BD*, *DG* e *GB* formam um triângulo eqüilátero. Portanto, o ângulo formado pelas linhas *BD* e *DG* é de 60 graus.

Este livro foi composto em Book Antiqua e impresso na Ediouro Gráfica
sobre papel Offset 90 g para a Ediouro em outubro de 2006